CIENCIA

Stephen W. Hawking (Oxford, 1942) es uno de los científicos más prestigiosos de la actualidad. Tras licenciarse en física en Oxford, se doctoró en cosmología en Cambridge, donde ocupa desde 1979 la Cátedra Lucasiana de Matemáticas. La investigación de Hawking se ha centrado en las leyes fundamentales que rigen el universo. En un trabajo pionero, Hawking y Roger Penrose demostraron que las ecuaciones de la relatividad general implican la existencia de singularidades en el espacio-tiempo. Más tarde, Hawking desarrolló la teoría de los agujeros negros y demostró que estos pueden emitir radiación, en un trabajo memorable en el que combinaba la relatividad general con la teoría cuántica, el otro gran descubrimiento de la primera mitad del siglo XX. Por sus investigaciones, Hawking ha recibido infinidad de premios y distinciones, y hasta doce doctorados *honoris causa*. Además de su obra académica, ha escrito varias obras de divulgación que han sido grandes éxitos de ventas, como *El universo en una cáscara de nuez*, *Historia del tiempo* y, junto con Roger Penrose, *La naturaleza del espacio y el tiempo*.

STEPHEN W. HAWKING

La teoría del todo

El origen y el destino del universo

Traducción de
Javier García Sanz

DEBOLS!LLO

La teoría del todo

Título original: *The Theory of Everything*

Cuarta edición en Debolsillo en España: diciembre, 2009
Primera edición en Debolsillo en México: junio, 2010

Publicado originariamente por Phoenix Books and Audio

www.rhmx.com.mx

Comentarios sobre la edición y el contenido de este libro a:
literaria@rhmx.com.mx

ISBN 978-607-310-031-1

Impreso en México / *Printed in Mexico*

Índice

INTRODUCCIÓN 9

Primera conferencia
Ideas sobre el universo 13
Segunda conferencia
El universo en expansión 25
Tercera conferencia
Agujeros negros 45
Cuarta conferencia
Los agujeros negros no son tan negros 65
Quinta conferencia
El origen y el destino del universo 85
Sexta conferencia
La dirección del tiempo 109
Séptima conferencia
La teoría del todo 123

ÍNDICE ALFABÉTICO 141

INTRODUCCIÓN

En este ciclo de conferencias trataré de dar una idea general de lo que pensamos que es la historia del universo, desde el big bang a los agujeros negros. En la primera conferencia haré un breve resumen de nuestras antiguas ideas sobre el universo y de cómo hemos llegado a nuestra imagen actual. Podríamos llamarlo la historia de la historia del universo.

En la segunda conferencia describiré cómo las teorías de la gravedad de Newton y Einstein llevaron a la conclusión de que el universo no podía ser estático, sino que tenía que estar expandiéndose o contrayéndose. A su vez, implicaba que debió de haber un momento hace entre 10.000 y 20.000 millones de años en que la densidad del universo era infinita. A esto se le llama el big bang. Habría sido el comienzo del universo.

En la tercera conferencia hablaré de los agujeros negros. Estos se forman cuando una estrella masiva, o un cuerpo aún mayor, colapsa sobre sí misma bajo su propia atracción gravitatoria. Según la teoría de la relatividad general de Einstein, cualquier persona suficientemente atolondrada para meterse dentro de un agujero negro estaría perdida para siempre. No podría volver a salir del agujero negro. En su lugar, la historia, en lo que a ella concierne, llegaría a un final peliagudo en una singularidad. Sin embargo, la relatividad general es una teoría clásica; es decir, no tiene en cuenta el principio de incertidumbre de la mecánica cuántica.

En la cuarta conferencia describiré cómo la mecánica cuántica permite que escape energía de los agujeros negros. Los agujeros negros no son tan negros como se los pinta.

En la quinta conferencia aplicaré las ideas de la mecánica cuántica al big bang y el origen del universo. Esto lleva a la idea de que el espacio-tiempo puede ser de extensión finita pero sin fronteras ni bordes. Sería como la superficie de la Tierra pero con dos dimensiones más.

En la sexta conferencia mostraré cómo esta nueva propuesta de frontera podría explicar por qué el pasado es tan diferente del futuro, incluso si las leyes de la física son simétricas respecto al tiempo.

Finalmente, en la séptima conferencia describiré cómo estamos tratando de encontrar una teoría unificada que incluya la mecánica cuántica, la gravedad y todas las demás interacciones de la física. Si lo conseguimos, entenderemos realmente el universo y nuestra posición en él.

Primera conferencia

IDEAS SOBRE EL UNIVERSO

Ya en el 340 a.C., Aristóteles, en su libro *Sobre el cielo*, pudo presentar dos buenos argumentos para creer que la Tierra era una bola redonda y no un disco plano. En primer lugar, advirtió que la causa de los eclipses de Luna era que la Tierra se interponía entre el Sol y la Luna. La sombra de la Tierra sobre la Luna era siempre redonda, lo que solamente podía ser cierto si la Tierra era esférica. Si la Tierra hubiera sido un disco plano, la sombra habría sido alargada y elíptica, a menos que los eclipses ocurrieran siempre en un momento en que el Sol estuviera directamente sobre el centro del disco.

En segundo lugar, los griegos habían aprendido de sus viajes que la Estrella Polar estaba más baja en el cielo cuando se veía en el sur que cuando se veía en regiones más septentrionales. Aristóteles citaba incluso una estimación, basada en la diferencia en la posición aparente de la Estrella Polar en Egipto y en Grecia, según la cual la circunferencia de la Tierra medía 400.000 estadios. No sabemos con exactitud cuál era la longitud de un estadio, pero posiblemente era de algo menos de 200 metros. Si así fuera, la estimación de Aristóteles sería algo más del doble de la cifra actualmente aceptada.

Los griegos tenían incluso un tercer argumento a favor de la redondez de la Tierra: ¿cómo, si no, cuando se acerca un barco lo primero que se ve son las velas sobre el horizonte y solo más tarde se ve el casco? Aristóteles pensaba que la Tierra estaba en reposo y que el Sol, la Luna, los planetas y las estrellas se movían en órbitas circulares alrededor de la Tierra. Lo pensaba porque creía, por razones místicas, que la Tierra era el centro del universo y que el movimiento circular era el más perfecto.

Esta idea fue desarrollada por Ptolomeo, en el siglo I d.C., para dar un modelo cosmológico completo. La Tierra permanecía en el centro, rodeada por ocho esferas que llevaban a la Luna, el Sol, las estrellas y los cinco planetas entonces conocidos: Mercurio, Venus, Marte, Júpiter y Saturno. Además, para poder explicar las complicadas trayectorias de los planetas que se observaban en el cielo, estos debían moverse en círculos más pequeños ligados a sus respectivas esferas. La esfera externa arrastraba a las denominadas estrellas fijas, que siempre están en las mismas posiciones relativas pero tienen un movimiento de rotación común. Lo que hay más allá de la última esfera no quedó nunca muy claro, pero ciertamente no era parte del universo observable para la humanidad.

El modelo de Ptolomeo ofrecía un sistema razonablemente aproximado para predecir las posiciones de los cuerpos celestes. Sin embargo, para predecir dichas posiciones correctamente, Ptolomeo tenía que hacer una hipótesis según la cual la Luna seguía una trayectoria que en algunos momentos la llevaba a una distancia de la Tierra doble que en otros. Pero eso implicaba que la Luna tenía que aparecer algunas veces el doble de tamaño que otras. Ptolomeo reconocía esta inconsistencia, pero pese a ello su modelo fue generalmente, aunque no universalmente, aceptado.

Fue adoptado por la Iglesia cristiana como una imagen del universo que estaba de acuerdo con las Sagradas Escrituras. Tenía la gran ventaja de que dejaba mucho margen fuera de la esfera de las estrellas fijas para el cielo y el infierno.

Un modelo mucho más simple fue propuesto en 1514 por el sacerdote polaco Nicolás Copérnico. Al principio, por miedo a ser acusado de herejía, Copérnico publicó su modelo de forma anónima. Su idea era que el Sol estaba en reposo en el centro y que la Tierra y los planetas se movían en órbitas circulares alrededor del Sol. Por desgracia para Copérnico, pasó casi un siglo antes de que su idea fuera tomada en serio. Tiempo después, dos astrónomos —el alemán Johannes Kepler y el italiano Galileo Galilei— empezaron a apoyar en público la teoría copernicana, pese al hecho de que las órbitas que predecía no encajaban perfectamente con las observadas. El golpe mortal a la teoría aristotélico-ptolemaica llegó en 1609. Ese año Galileo empezó a observar el cielo nocturno con un telescopio, un instrumento que se acababa de inventar.

Cuando miró al planeta Júpiter, Galileo descubrió que estaba acompañado por varios satélites pequeños, o lunas, que orbitaban a su alrededor. Esto implicaba que no todas las cosas tenían que orbitar directamente en torno a la Tierra como habían pensado Aristóteles y Ptolomeo. Por supuesto, seguía siendo posible creer que la Tierra estaba en reposo en el centro del universo y que las lunas de Júpiter se movían en trayectorias extraordinariamente complicadas alrededor de la Tierra, dando la impresión de que orbitaban en torno a Júpiter. Sin embargo, la teoría de Copérnico era mucho más simple.

Al mismo tiempo, Kepler había modificado la teoría de Copérnico, sugiriendo que los planetas no se movían en círculos sino en elipses. Ahora las predicciones encajaban por fin con las observaciones. Para Kepler, las órbitas elípticas eran meramente una hipótesis *ad hoc*, y una hipótesis más bien desagradable, puesto que las elipses eran claramente menos perfectas que los círculos. Tras descubrir casi por accidente que las órbitas elípticas encajaban bien con las observaciones, no podía conciliar esto con su idea de que eran fuerzas magnéticas las que hacían que los planetas orbitaran en torno al Sol.

Hasta 1687 no se ofreció una explicación para ello, cuando Newton publicó sus *Principia mathematica naturalis causae.** Esta fue probablemente la obra más importante publicada hasta entonces en las ciencias físicas. En ella Newton no solo proponía una teoría de cómo se mueven los cuerpos en el espacio y el tiempo, sino que también desarrollaba las matemáticas necesarias para analizar dichos movimientos. Además, Newton postulaba una ley de gravitación universal. Esta decía que cada cuerpo en el universo era atraído hacia cualquier otro cuerpo por una fuerza que era más intensa cuanto más masivos eran los cuerpos y más próximos estaban. Era la misma fuerza que hacía que los objetos cayeran al suelo. La historia de que a Newton le cayó una manzana en la cabeza es casi con certeza apócrifa. Lo que de hecho dijo era que la idea de la gravedad le vino cuando estaba sentado en actitud contemplativa, y fue ocasionada por la caída de una manzana.

Newton demostró que, según su ley, la gravedad hace que la Luna se mueva en una órbita elíptica alrededor de la Tierra y hace que la Tierra y los planetas sigan trayectorias elípticas alrededor

* Hemos respetado el título que aparece en la edición inglesa. El título exacto de la obra de Newton es *Philosophiae naturalis principia mathematica. (N. del T.)*

del Sol. El modelo copernicano prescindía de las esferas celestes de Ptolomeo, y con ellas de la idea de que el universo tenía una frontera natural. Las estrellas fijas no parecían cambiar sus posiciones relativas cuando la Tierra daba vueltas alrededor del Sol. Por eso llegó a ser natural suponer que las estrellas fijas eran objetos como nuestro Sol, pero mucho más alejados. Esto planteaba un problema. Newton se dio cuenta de que, según su teoría de la gravedad, las estrellas deberían atraerse mutuamente; por lo tanto, parecía que no podían permanecer esencialmente en reposo. ¿No deberían juntarse todas en algún punto?

En 1691, en una carta a Richard Bentley, otro pensador destacado de su época, Newton afirmaba que esto sucedería si solo hubiera un número finito de estrellas. Pero también argumentaba que si, por el contrario, hubiera un número infinito de estrellas distribuidas de forma más o menos uniforme sobre un espacio infinito, eso no sucedería, porque no habría ningún punto central en el que juntarse. Este argumento es un ejemplo de los escollos con que se puede tropezar cuando se habla del infinito.

En un universo infinito, cada punto puede considerarse el centro porque cada punto tiene un número infinito de estrellas a cada lado. El enfoque correcto, como se comprendió mucho más tarde, es considerar la situación finita en la que todas las estrellas se mueven unas hacia otras. Entonces uno se pregunta cómo cambian las cosas si se añaden más estrellas distribuidas de forma aproximadamente uniforme fuera de esa región. Según la ley de Newton, las estrellas extra no supondrían ninguna diferencia con respecto a las originales, y por lo tanto las estrellas se juntarían con la misma rapidez. Podemos añadir tantas estrellas como queramos, pero siempre seguirán colapsando sobre sí mismas. Ahora sabemos que es imposible tener un modelo estático infinito del universo en el que la gravedad sea siempre atractiva.

Un hecho revelador sobre la corriente general de pensamiento anterior al siglo XX es que nadie había sugerido que el universo se estaba expandiendo o contrayendo. Se solía aceptar que o bien el universo había existido eternamente en un estado invariable, o bien había sido creado en un tiempo finito en el pasado, más o menos tal como lo observamos hoy. Quizá esto se debía en parte a la tendencia del ser humano a creer en verdades eternas, así como al consuelo que encuentra en la idea de que a pesar de que él pueda envejecer y morir, el universo es invariable.

Ni siquiera a quienes comprendían que la teoría de la gravedad de Newton mostraba que el universo no podía ser estático se les ocurrió sugerir que podría estar expandiéndose. En lugar de eso, intentaron modificar la teoría haciendo que la fuerza gravitatoria fuera repulsiva a distancias muy grandes. Ello no afectaba significativamente a sus predicciones de los movimientos de los planetas, pero permitía una distribución infinita de estrellas en equilibrio en la que las fuerzas atractivas entre estrellas vecinas estarían contrarrestadas por las fuerzas repulsivas procedentes de las que estaban más alejadas.

Sin embargo, ahora creemos que tal equilibrio sería inestable. Si las estrellas en una región se acercaran ligeramente, las fuerzas atractivas entre ellas se harían más intensas y dominarían sobre las fuerzas repulsivas. Así pues, implicaría que las estrellas seguirían acercándose. Por el contrario, si las estrellas se alejaran un poco, las fuerzas repulsivas dominarían y las impulsarían a alejarse más.

Otra objeción a un universo estático infinito se suele atribuir al filósofo alemán Heinrich Olbers. Lo cierto es que varios contemporáneos de Newton habían planteado este problema, y ni siquiera el artículo de Olbers de 1823 fue el primero que contenía argumentos plausibles sobre esta cuestión. Sin embargo, sí fue el primero en ser ampliamente conocido. La dificultad está en que en un universo estático infinito prácticamente cada línea de visión acabaría en la superficie de una estrella. Por lo tanto, cabría esperar que todo el cielo sería tan brillante como el Sol, incluso de noche. El contraargumento de Olbers consistía en que la luz procedente de estrellas lejanas estaría atenuada por la absorción por materia interpuesta. Sin embargo, si eso sucediera, la materia interpuesta acabaría calentándose hasta que brillara tanto como las estrellas.

La única forma de evitar la conclusión de que la totalidad del cielo nocturno debería ser tan brillante como la superficie del Sol sería que las estrellas no hubieran estado brillando siempre, sino que se hubieran encendido en algún momento finito en el pasado. En tal caso, la materia absorbente podría no haberse calentado todavía, o la luz procedente de estrellas lejanas podría no habernos llegado. Y eso nos lleva a la pregunta de qué podría haber provocado que las estrellas se hubieran encendido en su momento.

El comienzo del universo

El comienzo del universo había sido discutido, por supuesto, desde hacía mucho tiempo. Según varias cosmologías primitivas de la tradición judía/cristiana/musulmana, el universo empezó en un tiempo finito y no muy lejano en el pasado. Una razón para tal comienzo era la idea de que era necesario tener una causa primera para explicar la existencia del universo.

Otro argumento fue propuesto por san Agustín en su libro *La ciudad de Dios*, donde señalaba que la civilización progresa, y nosotros recordamos quién ejecutó cierta tarea o desarrolló cierta técnica. Por lo tanto, el hombre, y con ello también quizá el universo, no pudo haber existido siempre. De lo contrario, ya habríamos progresado más de lo que lo hemos hecho.

San Agustín aceptaba una fecha en torno al 5000 a.C. para la creación del universo según el libro del Génesis. Resulta curioso que esta fecha no está muy lejos del final de la última glaciación, aproximadamente en 10000 a.C., que es cuando empezó realmente la civilización. Por el contrario, a Aristóteles y a la mayoría de los filósofos griegos no les gustaba la idea de una creación porque sonaba demasiado a intervención divina. Por eso creían que la especie humana y el mundo a su alrededor habían existido, y existirían, para siempre. Ellos ya habían considerado el argumento del progreso que se ha descrito antes, y respondían al mismo diciendo que había habido diluvios periódicos u otros desastres que, repetidamente, volvían a poner a la especie humana en el principio de la civilización.

Cuando la mayoría de la gente creía en un universo esencialmente estático e invariable, la pregunta de si tuvo o no un comienzo era realmente una pregunta metafísica o teológica. Se podía explicar lo que se observaba de una de dos maneras: o bien el universo había existido siempre, o bien se puso en marcha en algún tiempo finito de modo que pareciera que había existido siempre. Pero, en 1929, Edwin Hubble hizo la singular observación de que, dondequiera que miremos, las estrellas distantes se están alejando rápidamente de nosotros. En otras palabras, el universo se está expandiendo. Esto significa que en tiempos anteriores los objetos habrían estado más próximos. De hecho, parecía que hubo un momento hace entre 10.000 y 20.000 millones de años en que todos estaban exactamente en el mismo lugar.

Este descubrimiento llevó finalmente la pregunta del comienzo del universo al dominio de la ciencia. Las observaciones de Hubble sugerían que hubo un momento llamado el big bang en el que el universo era infinitesimalmente pequeño y, por consiguiente, infinitamente denso. Si hubo sucesos anteriores a ese momento, no podrían afectar a lo que sucede en el tiempo presente. Su existencia puede ignorarse porque no tendría consecuencias observacionales.

Se puede decir que el tiempo tuvo un comienzo en el big bang, simplemente en el sentido de que no pueden definirse tiempos anteriores. Habría que dejar claro que este comienzo en el tiempo es muy diferente de los que se habían considerado previamente. En un universo invariable, un comienzo en el tiempo es algo que tiene que ser impuesto por un ser fuera del universo. No hay ninguna necesidad física de un comienzo. Se puede imaginar que Dios creó el universo literalmente en cualquier momento en el pasado. Por el contrario, si el universo se está expandiendo, puede haber razones físicas de por qué tuvo que haber un comienzo. Se podría seguir creyendo que Dios creó el universo en el instante del big bang. Incluso podía haberlo creado en un tiempo posterior de tal forma que pareciese que hubiera existido un big bang. Pero no tendría sentido suponer que fue creado antes del big bang. Un universo en expansión no excluye la figura de un creador, pero pone límites a cuándo Él podría haber realizado su obra.

Segunda conferencia

EL UNIVERSO EN EXPANSIÓN

Nuestro Sol y las estrellas cercanas son parte de un vasto conjunto de estrellas llamado Vía Láctea. Durante mucho tiempo se pensó que esta galaxia era todo el universo. No fue hasta 1924 cuando el astrónomo norteamericano Edwin Hubble demostró que la nuestra no era la única galaxia. De hecho, había muchas otras, con enormes regiones de espacio vacío entre ellas. Para demostrarlo, tuvo que determinar las distancias a estas otras galaxias. Podemos determinar la distancia a estrellas cercanas observando cómo cambia su posición cuando la Tierra gira alrededor del Sol. Pero otras galaxias están tan alejadas que, a diferencia de las estrellas cercanas, parecen realmente fijas. Por eso, Hubble se vio obligado a utilizar métodos indirectos para medir las distancias.

El brillo aparente de una estrella depende de dos factores: su luminosidad y la distancia a la que está de nosotros. En el caso de las estrellas cercanas, podemos medir tanto su brillo aparente como su distancia, de modo que es posible calcular su luminosidad. A la inversa, si conociéramos la luminosidad de las estrellas en otras galaxias podríamos calcular la distancia a la que están midiendo sus brillos aparentes. Hubble argumentó que había ciertas clases de estrellas que, cuando se encontraban lo bastante próximas a nosotros para que se pudieran medir directamente, tenían siempre la misma luminosidad. Por consiguiente, si encontráramos estrellas semejantes en otra galaxia podríamos suponer que también tendrían la misma luminosidad. De este modo podríamos calcular la distancia a dicha galaxia. Si pudiéramos hacerlo para varias estrellas en la misma galaxia, y nuestros cálculos dieran siempre la misma distancia, podríamos tener bastante confianza en nuestra estimación. Procediendo así, Edwin Hubble calculó las distancias a nueve galaxias diferentes.

Hoy sabemos que nuestra galaxia es solo una entre los aproximadamente 100.000 millones de ellas que pueden verse utilizando telescopios modernos, y cada galaxia contiene unos 100.000 millones de estrellas. Vivimos en una galaxia que tiene unos 100.000 años luz de diámetro y está rotando lentamente; las estrellas de sus brazos espirales giran alrededor de su centro aproximadamente una vez cada 100 millones de años. Nuestro Sol es tan solo una estrella ordinaria, amarilla y de tamaño medio, próxima al borde exterior de uno de los brazos espirales. Ciertamente hemos recorrido un largo camino desde Aristóteles y Ptolomeo, cuando se creía que la Tierra era el centro del universo.

Las estrellas están tan lejos que nos parecen simples puntos luminosos. No podemos determinar su tamaño ni su forma. Entonces, ¿cómo podemos distinguir las diferentes clases de estrellas? Para la inmensa mayoría de las estrellas, hay solo una característica precisa que podemos observar: el color de su luz. Newton descubrió que si la luz procedente del Sol atraviesa un prisma se descompone en sus colores componentes —su espectro— como en un arco iris. Del mismo modo, enfocando un telescopio hacia una estrella o una galaxia individual podemos observar el espectro de la luz procedente de dicha estrella o galaxia. Estrellas diferentes tienen espectros distintos, pero el brillo relativo de los diferentes colores es siempre exactamente el que esperaríamos encontrar en la luz emitida por un objeto incandescente. Esto significa que podemos averiguar la temperatura de una estrella a partir del espectro de su luz. Además, encontramos que algunos colores muy específicos faltan en los espectros de las estrellas, y esos colores que faltan pueden variar de una estrella a otra. Sabemos que cada elemento químico absorbe un conjunto característico de colores muy específicos. Así, ajustando cada uno de los que faltan en el espectro de una estrella, podemos determinar con exactitud qué elementos están presentes en la atmósfera de la estrella.

En la década de 1920, cuando los astrónomos empezaron a examinar los espectros de estrellas en otras galaxias, descubrieron algo muy peculiar. Faltaban los mismos conjuntos característicos de colores que faltaban en las estrellas de nuestra propia galaxia, pero todos estaban desplazados en la misma cantidad relativa hacia el extremo rojo del espectro. La única explicación razonable para esto era que las galaxias estaban alejándose de nosotros, y la frecuencia de las ondas luminosas procedentes de ellas se estaba reduciendo, o desplazando hacia el rojo, por el efecto Doppler. Escuchen el ruido de un automóvil que pasa por la carretera. Cuando el automóvil se acerca, su motor suena con un tono más alto, que corresponde a una frecuencia mayor de las ondas sonoras; y cuando pasa y se aleja, suena con un tono más bajo. El comportamiento de la luz o las ondas de radio es similar. De hecho, la policía utiliza el efecto Doppler para calcular la velocidad de los automóviles midiendo la frecuencia de pulsos de ondas de radio reflejados en ellos.

Durante los años siguientes a su demostración de la existencia de otras galaxias, Hubble se dedicó a catalogar sus distancias y observar sus espectros. En esa época casi todos esperaban que las galaxias se estuvieran moviendo de forma más bien aleatoria, y en consecuencia esperaban encontrar tantos espectros desplazados al azul como desplazados hacia el rojo. Por eso fue una sorpresa descubrir que todas las galaxias aparecían desplazadas hacia el rojo. Cada una de ellas se estaba alejando de nosotros. Todavía más sorprendente era el resultado que Hubble publicó en 1929: tampoco el tamaño del desplazamiento hacia el rojo de las galaxias era aleatorio, sino que era directamente proporcional a la distancia de la galaxia a nosotros; o, en otras palabras, cuanto más lejos estaba la galaxia, con más rapidez se alejaba. Eso significaba que el universo no podía ser estático, como se creía hasta entonces, sino que en realidad se estaba expandiendo. La distancia entre las diferentes galaxias aumentaba continuamente.

El descubrimiento de que el universo se estaba expandiendo fue una de las grandes revoluciones intelectuales del siglo XX. Visto en retrospectiva, es fácil preguntar por qué nadie había pensado en ello antes. Newton y otros físicos deberían haberse dado cuenta de que un universo estático pronto empezaría a contraerse bajo la influencia de la gravedad. Pero supongamos que, en lugar de ser estático, el universo se estuviera expandiendo. Si se estuviera expandiendo lentamente, la fuerza de la gravedad haría que, con el tiempo, dejara de expandirse y luego empezara a contraerse. Sin embargo, si se estuviera expandiendo a una velocidad mayor que cierta velocidad crítica, la gravedad nunca sería lo bastante intensa para detenerlo, y el universo seguiría expandiéndose para siempre. La situación sería parecida a lo que sucede cuando se lanza un cohete hacia arriba desde la superficie de la Tierra. Si se lanza con poca velocidad, la gravedad lo frenará y, pasado un tiempo, empezará a caer. Por el contrario, si la velocidad del cohete es mayor que una cierta velocidad crítica —algo más de 11 kilómetros por segundo—, la gravedad no será suficientemente intensa para hacerlo volver, de modo que seguirá alejándose de la Tierra para siempre.

Este comportamiento del universo podría haberse predicho a partir de la teoría de la gravedad de Newton en cualquier momento del siglo XIX, del XVIII o incluso del siglo XVII. Pero la creencia en un universo estático estaba tan arraigada que persistió hasta principios del siglo XX. Incluso cuando Einstein formuló la teoría de la relatividad general en 1915, estaba seguro de que el universo tenía que ser estático. Por eso modificó su teoría para hacerlo posible, introduciendo en sus ecuaciones una denominada constante cosmológica. Esta era una nueva fuerza de «antigravedad», que, a diferencia de otras fuerzas, no procedía de ninguna fuente concreta, sino que estaba incorporada en el propio tejido del espacio-tiempo. Su constante cosmológica daba al espacio-tiempo una tendencia intrínseca a expandirse, y esta podría compensar exactamente la atracción de toda la materia en el universo de modo que resultara un universo estático.

Al parecer, solo un hombre estaba dispuesto a tomar la relatividad al pie de la letra. Mientras Einstein y otros físicos buscaban el modo de evitar la predicción que hacía la relatividad general de un universo no estático, el físico ruso Alexander Friedmann se propuso explicarla.

Los modelos de Friedmann

Las ecuaciones de la relatividad general, que determinan cómo evoluciona el universo con el tiempo, son demasiado complicadas para resolverlas con detalle. Así que lo que hizo Friedmann en su lugar fue proponer dos hipótesis muy simples sobre el universo: que el universo parece igual en cualquier dirección que miremos, y que esto también sería cierto si observáramos el universo desde cualquier otro lugar. Basándose en la relatividad general y estas dos hipótesis, Friedmann demostró que no deberíamos esperar que el universo fuera estático. De hecho, en 1922, varios años antes del descubrimiento de Edwin Hubble, Friedmann predijo exactamente lo que Hubble descubriría tiempo después.

Evidentemente, la hipótesis de que el universo parece igual en todas direcciones no es cierta en realidad. Por ejemplo, las otras estrellas de nuestra galaxia forman una banda luminosa característica a través del cielo nocturno llamada Vía Láctea. Pero si miramos a galaxias lejanas, parece que hay más o menos el mismo número de ellas en cada dirección. Por eso, el universo parece ser aproximadamente igual en todas direcciones, con tal de que se le vea a gran escala comparada con la distancia entre galaxias.

Durante mucho tiempo, esto fue justificación suficiente para la hipótesis de Friedmann —como primera aproximación al universo real—. Pero más recientemente, un feliz accidente reveló que la hipótesis de Friedmann es de hecho una descripción notablemente precisa de nuestro universo. En 1965, dos físicos norteamericanos, Arno Penzias y Robert Wilson, estaban trabajando en los Laboratorios Bell en New Jersey en el diseño de un detector de microondas muy sensible para establecer comunicación con satélites en órbita. Se sintieron intrigados al descubrir que su detector captaba más ruido del que debería, y que el ruido no parecía proceder de ninguna dirección en particular. Lo primero que hicieron fue buscar excrementos de aves en su detector, y también revisaron otros posibles defectos, pero pronto los descartaron. Sabían que cualquier ruido procedente del interior de la atmósfera sería más intenso cuando el detector no apuntaba directamente hacia arriba que cuando lo hacía, porque la atmósfera tiene un mayor grosor aparente cuando se mira a un ángulo respecto a la vertical.

El ruido extra era el mismo en cualquier dirección en que apuntara el detector, de modo que debía de proceder del exterior de la atmósfera. También era el mismo día y noche a lo largo del año, incluso si la Tierra estaba rotando en torno a su eje y orbitando alrededor del Sol. Esto demostraba que la radiación debía de proceder de más allá del sistema solar, e incluso de más allá de la galaxia, pues, de lo contrario, variaría conforme el movimiento de la Tierra hiciera que el detector apuntara en direcciones diferentes.

De hecho, sabemos que la radiación debía de haber viajado hasta nosotros a través de la mayor parte del universo observable. Puesto que parece igual en diferentes direcciones, el universo también debía de ser igual en todas direcciones, al menos a gran escala. Ahora sabemos que, en cualquier dirección que miremos, este ruido nunca varía en más de una parte en diez mil. De modo que Penzias y Wilson habían tropezado sin proponérselo con una confirmación extraordinariamente precisa de la primera hipótesis de Friedmann.

Más o menos por esa época, dos físicos norteamericanos en la vecina Universidad de Princeton, Bob Dicke y Jim Peebles, se interesaban también en las microondas. Trabajaban en una sugerencia hecha por George Gamow, que había sido alumno de Alexander Friedmann, según la cual el universo primitivo debería haber sido muy caliente y denso, con un brillo incandescente. Dicke y Peebles pensaban que aún deberíamos poder ver ese resplandor, porque la luz procedente de partes muy lejanas del universo primitivo estaría a punto de llegarnos ahora. Sin embargo, la expansión del universo significaba que dicha luz debería estar tan desplazada hacia el rojo que ahora se nos presentaría como radiación de microondas. Dicke y Peebles estaban buscando esta radiación cuando Penzias y Wilson tuvieron noticia de su trabajo y comprendieron que ellos la habían encontrado. Por esto, Penzias y Wilson fueron galardonados con el premio Nobel en 1978, lo cual parece un poco injusto para Dicke y Peebles.

A primera vista, el hecho de que el universo se vea igual en cualquier dirección que miremos parece sugerir que hay algo especial en nuestro lugar en el universo. En particular, podría parecer que si observamos que todas las demás galaxias se alejan de nosotros, debemos estar en el centro del universo. No obstante, hay una explicación alternativa: el universo también podría parecer igual en todas direcciones visto desde cualquier otra galaxia. Esta, como hemos visto, era la segunda hipótesis de Friedmann.

No tenemos ninguna prueba científica a favor o en contra de esta hipótesis. La creemos solo por modestia. Sería extraordinario que el universo pareciera igual en cualquier dirección a nuestro alrededor, pero no alrededor de otros puntos en el universo. En el modelo de Friedmann, todas las galaxias se están alejando unas de otras en línea recta. La situación es muy parecida a hinchar continuamente un globo en el que hay varios puntos pintados. Conforme el globo se expande, la distancia entre dos puntos cualesquiera aumenta, pero no se puede decir que alguna mancha en particular sea el centro de la expansión. Además, cuanto más alejados están los puntos, con más rapidez se separan. De modo análogo, en el modelo de Friedmann la velocidad a la que se están alejando dos galaxias cualesquiera es proporcional a la distancia entre ellas. Por eso predecía que el desplazamiento hacia el rojo de una galaxia debería ser directamente proporcional a su distancia a nosotros, exactamente lo que descubrió Hubble.

Pese al éxito de su modelo y su predicción de las observaciones de Hubble, la obra de Friedmann permaneció básicamente desconocida en Occidente. Solo llegó a conocerse después de que otros modelos similares fueran descubiertos en 1935 por el físico norteamericano Howard Robertson y el matemático británico Arthur Walker, en respuesta al descubrimiento de Hubble de la expansión uniforme del universo.

Aunque Friedmann solo encontró uno, hay tres tipos diferentes de modelos que obedecen a las dos hipótesis fundamentales de Friedmann. En el primer tipo —el que Friedmann encontró—, el universo se está expandiendo a una velocidad lo suficientemente lenta como para que la atracción gravitatoria entre las diferentes galaxias haga que la expansión se frene y al final se detenga. Entonces las galaxias empiezan a acercarse unas a otras y el universo se contrae. La distancia entre dos galaxias vecinas empieza siendo cero, aumenta hasta llegar a un máximo y luego decrece de nuevo hasta cero.

En el segundo tipo de solución, el universo se expande tan rápidamente que la atracción gravitatoria nunca puede detenerlo, aunque lo frena algo. La separación entre galaxias vecinas en este modelo empieza siendo cero, y, con el tiempo, las galaxias se alejan a una velocidad estacionaria.

Por último, existe un tercer tipo de solución en la que el universo se expande con la velocidad justa para evitar que vuelva a colapsar. En este caso, la separación empieza también siendo cero, y aumenta para siempre. Sin embargo, la velocidad a la que las galaxias se alejan se hace cada vez más pequeña, aunque nunca llega a ser completamente nula.

Una característica notable del primer modelo de Friedmann es que el universo no es infinito en el espacio, pero tampoco el espacio tiene una frontera. La gravedad es tan fuerte que el espacio se curva sobre sí mismo, lo que lo hace parecido a la superficie de la Tierra. Si uno viaja continuamente en una cierta dirección sobre la superficie de la Tierra, nunca tropieza con una barrera infranqueable ni cae por un borde, sino que, con el tiempo, vuelve al lugar de donde partió. Así es el espacio en el primer modelo de Friedmann, aunque con tres dimensiones en lugar de las dos de la superficie de la Tierra. La cuarta dimensión —el tiempo— también tiene extensión finita, pero es como una línea con dos extremos o fronteras, un principio y un final. Más adelante veremos que cuando se combina la relatividad general con el principio de incertidumbre de la mecánica cuántica es posible que tanto el espacio como el tiempo sean finitos sin ningún borde o frontera. La idea de que se podría dar la vuelta al universo y acabar donde se partió vale para la ciencia ficción, pero no tiene mucha importancia práctica, porque puede demostrarse que el universo volvería a colapsar hasta un tamaño nulo antes de que uno pudiese dar la vuelta. Habría que viajar a una velocidad mayor que la luz para terminar en el lugar de donde se partió antes de que el universo llegara a un final, y eso no se puede hacer.

Pero ¿qué modelo de Friedmann describe nuestro universo? ¿Dejará el universo de expandirse con el tiempo y empezará a contraerse, o se expandirá para siempre? Para responder a esta pregunta, tenemos que conocer la velocidad de expansión del universo actual y su densidad media actual. Si la densidad es menor que un cierto valor crítico, determinado por la velocidad de expansión, la atracción gravitatoria será demasiado débil para detener la expansión. Si la densidad es mayor que el valor crítico, la gravedad detendrá la expansión en algún momento en el futuro y hará que el universo vuelva a colapsar.

Podemos determinar la velocidad de expansión actual midiendo las velocidades a las que las demás galaxias se están alejando de nosotros, utilizando para ello el efecto Doppler. Esto puede hacerse con mucha precisión. Sin embargo, las distancias a las galaxias no se conocen muy bien porque solo podemos medirlas de forma indirecta. Así que todo lo que sabemos es que el universo se está expandiendo entre un 5 y un 10 por ciento cada 1.000 millones de años. Sin embargo, nuestra incertidumbre sobre la densidad media actual del universo es aún mayor.

Si sumamos las masas de todas las estrellas que podemos ver en nuestra galaxia y las demás galaxias, el total es menor que una centésima parte de la cantidad requerida para detener la expansión del universo, incluso para la estimación más baja de la velocidad de expansión. No obstante, nuestra galaxia y las demás galaxias deben de contener una gran cantidad de materia oscura que no podemos ver directamente, aunque sabemos que debe de existir por la influencia de su atracción gravitatoria sobre las órbitas de las estrellas y los gases en las galaxias. Además, la mayoría de las galaxias se encuentran en cúmulos, y podemos inferir del mismo modo la presencia de todavía más materia oscura entre las galaxias en dichos cúmulos por su efecto sobre el movimiento de las galaxias. Cuando sumamos toda esta materia oscura, seguimos obteniendo solo una décima parte de la cantidad requerida para detener la expansión. Sin embargo, podría haber alguna otra forma de materia que todavía no hayamos detectado y que podría elevar la densidad media del universo hasta el valor crítico necesario para detener la expansión.

Por todo lo anterior, las observaciones actuales sugieren que probablemente el universo se expandirá para siempre. Pero no lo demos por hecho. De lo que podemos estar realmente seguros es de que incluso si el universo va a colapsar de nuevo, no lo hará durante al menos otros 10.000 millones de años, puesto que ya ha estado expandiéndose durante al menos ese tiempo. Esto no debería preocuparnos demasiado, puesto que para entonces, a menos que tengamos colonias más allá del sistema solar, la humanidad habrá desaparecido hace tiempo, extinguida con la muerte de nuestro Sol.

El big bang

Todas las soluciones de Friedmann tienen la característica de que en algún momento en el pasado, hace entre 10.000 y 20.000 millones de años, la distancia entre galaxias vecinas debió de ser cero. En aquel momento, que llamamos el big bang, la densidad del universo y la curvatura del espacio-tiempo habrían sido infinitas.

Esto significa que la teoría de la relatividad general —en la que se basan las soluciones de Friedmann— predice que hay un punto singular en el universo.

Todas nuestras teorías científicas están formuladas sobre la hipótesis de que el espacio-tiempo es suave y casi plano, de modo que todas dejarían de ser válidas en la singularidad del big bang, donde la curvatura del espacio-tiempo es infinita. Esto significa que incluso si hubo sucesos antes del big bang, no podrían utilizarse para determinar lo que sucedería a continuación, porque la predecibilidad dejaría de ser válida en el big bang. En consecuencia, si solo sabemos lo que ha sucedido desde el big bang, no podemos determinar lo que sucedió antes. Para nosotros, los sucesos anteriores al big bang no pueden tener consecuencias, de modo que no deberían formar parte de un modelo científico del universo. Por eso deberíamos eliminarlos del modelo y decir que el tiempo tuvo un comienzo en el big bang.

A muchas personas no les gusta la idea de que el tiempo tenga un comienzo, probablemente porque suena a intervención divina. (La Iglesia católica, por el contrario, ha aceptado el modelo del big bang, y en 1951 proclamó oficialmente que está de acuerdo con la Biblia.) Hubo varios intentos de evitar la conclusión de que había habido un big bang. La propuesta que ganó el apoyo más amplio fue la llamada teoría del estado estacionario. Fue sugerida en 1948 por dos refugiados de la Austria ocupada por los nazis, Hermann Bondi y Thomas Gold, junto con el británico Fred Hoyle, que había trabajado con ellos durante la guerra en el desarrollo del radar. La idea consistía en que, a medida que las galaxias se alejaban unas de otras, nuevas galaxias se formaban continuamente en los espacios entre ellas a partir de nueva materia que se estaba creando continuamente. Por ello el universo parecería más o menos igual en todos los instantes tanto como en todos los puntos del espacio.

La teoría del estado estacionario requería una modificación de la relatividad general para permitir la creación continua de materia, pero el ritmo que se requería era tan bajo —aproximadamente, una partícula por kilómetro cúbico y por año— que no estaba en conflicto con el experimento. Era una buena teoría científica, en el sentido de que era simple y hacía predicciones precisas que podían ser puestas a prueba mediante la observación. Una de esas predicciones era que el número de galaxias u objetos similares en cualquier volumen dado de espacio debería ser el mismo donde y cuando quiera que miráramos en el universo.

A finales de la década de 1950 y principios de la de 1960, un grupo de astrónomos de Cambridge dirigido por Martin Ryle llevó a cabo una exploración de fuentes de radioondas procedentes del espacio exterior. El grupo de Cambridge demostró que la mayoría de esas radiofuentes debían estar fuera de nuestra galaxia, y también que había muchas más fuentes débiles que fuertes. Interpretaron que las fuentes débiles son las más lejanas, y las más fuertes las más cercanas. Entonces parecía haber menos fuentes por unidad de volumen de espacio en el caso de las fuentes cercanas que en el caso de las lejanas.

Esto podría haber significado que estábamos en el centro de una gran región en el universo en la que las fuentes eran menores que en otras regiones. Alternativamente, podría haber significado que las fuentes eran más numerosas en el pasado, en el momento en que las radioondas iniciaron su viaje hasta nosotros, que lo son ahora. Cualquiera de las dos explicaciones contradecía las predicciones de la teoría del estado estacionario. Además, el descubrimiento de la radiación de microondas por Penzias y Wilson en 1965 indicaba también que el universo debió de ser mucho más denso en el pasado. Por consiguiente, la teoría del estado estacionario tuvo que abandonarse a regañadientes.

Otro intento de evitar la conclusión de que debió de producirse un big bang, y con ello un comienzo del tiempo, fue realizado por dos científicos rusos, Evgeni Lifshitz e Isaac Jalatnikov, en 1963. Sugirieron que el big bang podría ser una peculiaridad exclusiva de los modelos de Friedmann, que después de todo eran tan solo aproximaciones al universo real. Quizá, de todos los modelos que se parecen al universo real, solo los de Friedmann contenían una singularidad de big bang En los modelos de Friedmann, todas las galaxias se están alejando unas de otras en línea recta. Por lo tanto, no es sorprendente que en algún instante en el pasado estuvieran todas en el mismo lugar. En el universo real, sin embargo, las galaxias no se están alejando directamente unas de otras; también tienen pequeñas velocidades laterales. Así que no era necesario que todas hubieran estado exactamente en el mismo lugar, sino solo muy juntas. Quizá entonces el universo actual en expansión fue resultado no de una singularidad de big bang, sino de una fase de contracción anterior. Tal vez no fuera necesario que, cuando el universo se colapsó, todas las partículas que lo formaban hubieran colisionado, sino que podrían haber pasado rozando para luego alejarse unas de otras, dando lugar a la expansión actual del universo. ¿Cómo podríamos averiguar entonces si el universo real debería haber empezado en un big bang?

Lo que hicieron Lifshitz y Jalatnikov fue estudiar modelos del universo que fueran parecidos a los de Friedmann pero que tuvieran en cuenta las irregularidades y las velocidades aleatorias de las galaxias en el universo real. Demostraron que tales modelos podían empezar con un big bang, incluso aunque las galaxias ya no estuvieran alejándose siempre unas de otras en línea recta. Pero afirmaron que esto solo seguía siendo posible en algunos modelos excepcionales en los que todas las galaxias se movían precisamente de la forma correcta. Argumentaron que, puesto que parecía haber infinitamente más modelos del tipo Friedmann sin una singularidad de big bang que con ella, deberíamos concluir que era muy poco probable que hubiera habido un big bang. Sin embargo, más tarde se dieron cuenta de que había una clase mucho más general de modelos del tipo Friedmann que sí tenían singularidades, y en los que las galaxias no tenían que moverse de ninguna manera especial. Por ello retiraron su afirmación en 1970.

El trabajo de Lifshitz y Jalatnikov fue valioso porque mostraba que el universo podría haber tenido una singularidad —un big bang— si la teoría de la relatividad general era correcta. Sin embargo, no resolvía la pregunta crucial: ¿predice la relatividad general que nuestro universo debería tener un big bang, un comienzo del tiempo? La respuesta a esta cuestión llegó en 1965 con un enfoque completamente diferente iniciado por un físico británico, Roger Penrose. Se basaba en la forma en que se comportan los conos de luz en relatividad general, y el hecho de que la gravedad es siempre atractiva, para demostrar que una estrella que colapsa bajo su propia gravedad está atrapada en una región cuya frontera se contrae finalmente hasta un tamaño nulo. Esto significa que toda la materia de la estrella estará comprimida en una región de volumen nulo, de modo que la densidad de materia y la curvatura del espacio-tiempo se hace infinita. En otras palabras, se tiene una singularidad contenida dentro de una región de espacio-tiempo conocida como un agujero negro.

A primera vista, el resultado de Penrose no tenía nada que decir sobre la cuestión de si hubo o no una singularidad de big bang en el pasado. Sin embargo, en la época en que Penrose dedujo su teorema yo era un estudiante de investigación que buscaba un problema con el que completar mi tesis doctoral. Me di cuenta de que si se invertía la dirección del tiempo en el teorema de Penrose, de modo que el colapso se convirtiera en una expansión, las condiciones de su teorema seguirían cumpliéndose con tal de que el universo actual fuera aproximadamente similar, a gran escala, al modelo de Friedmann. El teorema de Penrose había demostrado que cualquier estrella que colapsa debía terminar en una singularidad; el argumento con el tiempo invertido mostraba que cualquier universo en expansión como el de Friedmann debió de empezar con una singularidad. Por razones técnicas, el teorema de Penrose requería que el universo fuera espacialmente infinito. Por eso pude utilizarlo para demostrar que debería haber una singularidad solamente si el universo se estuviera expandiendo con suficiente rapidez para evitar que colapsara de nuevo, porque solo ese modelo de Friedmann era infinito en el espacio.

Durante los años siguientes desarrollé nuevas técnicas matemáticas para eliminar esta y otras condiciones técnicas de los teoremas que probaban que deben ocurrir singularidades. El resultado final fue un artículo que escribimos conjuntamente Penrose y yo en 1970 que demostraba que debió de producirse una singularidad de big bang con tal de que la relatividad sea correcta y que el universo contenga tanta materia como la que observamos.

Muchos no estaban de acuerdo con nuestro trabajo, sobre todo los rusos, que seguían la línea establecida por Lifshitz y Jalatnikov, pero también personas que creían que la idea de las singularidades era repugnante y echaba a perder la belleza de la teoría de Einstein. Sin embargo, el teorema matemático no admite discusión, de modo que ahora se acepta en general que el universo debió de tener un comienzo.

Tercera conferencia

AGUJEROS NEGROS

La denominación «agujero negro» tiene un origen muy reciente. Fue acuñada en 1969 por el científico norteamericano John Wheeler como descripción gráfica de una idea que se remonta al menos a doscientos años atrás. En aquella época existían dos teorías sobre la luz. Una decía que la luz estaba compuesta de partículas; la otra, que estaba hecha de ondas. Ahora sabemos que en realidad ambas teorías son correctas. Por la dualidad onda/partícula de la mecánica cuántica, la luz puede considerarse tanto en términos de ondas como de partículas. La teoría según la cual la luz estaba hecha de ondas no dejaba claro cómo respondería a la gravedad. Pero si la luz estuviera compuesta de partículas, cabría esperar que estas fueran afectadas por la gravedad de la misma forma que lo son las balas de cañón, los cohetes y los planetas.

Basándose en esta hipótesis, un profesor de Cambridge, John Michell, escribió un artículo en 1783 en las *Philosophical Transactions of the Royal Society of London*. En dicho artículo señalaba que una estrella que fuera suficientemente masiva y compacta tendría un campo gravitatorio tan intenso que la luz no podría escapar. Cualquier luz emitida desde la superficie de la estrella sería frenada por la atracción gravitatoria de la estrella antes de que pudiera llegar muy lejos. Michell sugería que podría haber muchas estrellas así. Aunque no podríamos verlas porque su luz no nos llegaría, seguiríamos sintiendo su atracción gravitatoria. Tales objetos son lo que ahora llamamos agujeros negros, porque eso es lo que son: vacíos negros en el espacio.

Unos años más tarde, y al parecer independientemente de Michell, un científico francés, el marqués de Laplace, hizo una sugerencia similar. Llama la atención que Laplace la incluyó solamente en la primera y la segunda edición de su libro, *Exposición del sistema del mundo*, y la excluyó de ediciones posteriores; quizá decidió que era una idea disparatada. De hecho, no es realmente consistente tratar la luz como las balas de cañón en la teoría de la gravedad de Newton porque la velocidad de la luz es fija. Una bala de cañón disparada hacia arriba desde la Tierra será frenada por la gravedad hasta que finalmente se detendrá y caerá al suelo de nuevo. Un fotón, sin embargo, debe continuar hacia arriba a velocidad constante. Entonces, ¿cómo puede afectar la gravedad newtoniana a la luz? No hubo una teoría consistente del efecto de la gravedad sobre la luz hasta que Einstein formuló la relatividad general en 1915; e incluso entonces hubo que esperar mucho tiempo antes de que se dedujesen las implicaciones de la teoría para las estrellas masivas.

Para entender cómo podría formarse un agujero negro, tenemos que entender primero el ciclo vital de una estrella. Una estrella se forma cuando una gran cantidad de gas, fundamentalmente hidrógeno, empieza a colapsar sobre sí mismo debido a su atracción gravitatoria. A medida que el gas se contrae, los átomos colisionan entre sí cada vez con más frecuencia y a velocidades cada vez mayores; el gas se calienta. Con el tiempo, el gas estará tan caliente que cuando los átomos de hidrógeno colisionen ya no rebotarán unos en otros, sino que en su lugar se fusionarán para formar átomos de helio. El calor liberado en esta reacción, que es similar a una bomba de hidrógeno controlada, es lo que hace que brillen las estrellas. Este calor adicional incrementa también la presión del gas hasta que es suficiente para contrarrestar la atracción gravitatoria, y el gas deja de contraerse. Es un poco parecido a un globo en el que hay un equilibrio entre la presión del aire interior, que trata de hacer que el globo se expanda, y la tensión de la goma, que trata de hacer el globo más pequeño.

Las estrellas permanecerán estables durante mucho tiempo, mientras el calor procedente de las reacciones nucleares equilibre la atracción gravitatoria. No obstante, con el tiempo la estrella agotará su hidrógeno y los demás combustibles nucleares. Lo paradójico es que cuanto más combustible tiene la estrella inicialmente, antes se agota. La razón es que cuanto más masiva es la estrella, más caliente tiene que estar para equilibrar su atracción gravitatoria. Y cuanto más caliente esté, con más rapidez consumirá su combustible. Nuestro Sol tiene probablemente combustible suficiente para otros 5.000 millones de años aproximadamente, pero las estrellas más masivas pueden consumir su combustible en tan solo 100 millones de años, un tiempo mucho menor que la edad del universo. Cuando la estrella agote el combustible, empezará a enfriarse, y con ello a contraerse. Lo que podría sucederle entonces no empezó a entenderse hasta finales de la década de 1920.

En 1928, un estudiante de licenciatura indio llamado Subrahmanyan Chandrasekhar partió en barco hacia Inglaterra para estudiar en Cambridge con el astrónomo británico sir Arthur Eddington. Eddington era un experto en relatividad general. Se cuenta que a principios de la década de 1920 un periodista le dijo a Eddington que había oído que solo había tres personas en el mundo que entendían la relatividad general. Eddington respondió: «No se me ocurre quién es la tercera persona».

Durante su viaje desde la India, Chandrasekhar calculó qué tamaño podría tener una estrella y seguir manteniéndose contra su propia gravedad una vez que hubiese consumido todo su combustible. La idea era esta: cuando la estrella se hace pequeña, las partículas materiales están muy juntas. Pero el principio de exclusión de Pauli dice que dos partículas materiales no pueden tener la misma posición y la misma velocidad. Por consiguiente, las partículas materiales deben tener velocidades muy diferentes. Esto las hace alejarse unas de otras, y por eso tiende a hacer que la estrella se expanda. Así, una estrella puede mantenerse con un radio constante gracias a un equilibrio entre la atracción de la gravedad y la repulsión que surge del principio de exclusión, de la misma forma que en su vida anterior la gravedad estaba equilibrada por el calor.

No obstante, Chandrasekhar advirtió que existe un límite para la repulsión que puede proporcionar el principio de exclusión. Según la teoría de la relatividad, la diferencia máxima entre las velocidades de las partículas materiales de la estrella no puede ser mayor que la velocidad de la luz. Esto significaba que cuando la estrella se hiciera suficientemente densa, la repulsión provocada por el principio de exclusión sería menor que la atracción de la gravedad. Chandrasekhar calculó que una estrella fría con una masa de aproximadamente una vez y media la masa del Sol no podría mantenerse contra su propia gravedad. Esta masa se conoce ahora como el límite de Chandrasekhar.

Esto tenía serias consecuencias para el destino final de las estrellas masivas. Si la masa de una estrella es menor que el límite de Chandrasekhar, con el tiempo puede dejar de contraerse y se asentará en un posible estado final como una enana blanca con un radio de unos pocos miles de kilómetros y una densidad de cientos de toneladas por centímetro cúbico. Una enana blanca se mantiene gracias a la repulsión, derivada del principio de exclusión, entre los electrones que hay en su materia. Podemos observar un gran número de dichas estrellas enanas blancas. Una de las primeras en ser descubierta es la estrella que orbita en torno a Sirio, la estrella más brillante en el cielo nocturno.

Asimismo se advirtió que había otro posible estado final para una estrella con una masa límite de también una o dos veces la masa del Sol, pero mucho más pequeña incluso que la enana blanca. Dichas estrellas se mantendrían por la repulsión derivada del principio de exclusión entre los neutrones y los protones, y ya no entre los electrones. Por eso fueron llamadas estrellas de neutrones. Tendrían un radio de tan solo unos diez kilómetros y una densidad de cientos de millones de toneladas por centímetro cúbico. En el momento en que se predijeron por primera vez no había ninguna forma de que pudieran observarse estrellas de neutrones, y no se detectaron hasta mucho tiempo después.

Por otra parte, las estrellas con masas por encima del límite de Chandrasekhar tienen un gran problema cuando llegan a agotar su combustible. En algunos casos podrían explotar o arreglárselas para expulsar suficiente materia para reducir su masa por debajo del límite, pero era difícil creer que esto sucediera siempre, independientemente de lo grande que fuera la estrella. ¿Cómo sabría la estrella que tenía que perder peso? E incluso si la estrella consiguiese perder masa suficiente, ¿qué sucedería si se añadía más masa a una enana blanca o una estrella de neutrones para llevarla por encima del límite? ¿Colapsaría hasta una densidad infinita?

A Eddington le horrorizaban las consecuencias que se deducían de ello y se negó a aceptar el resultado de Chandrasekhar. Pensó que simplemente no era posible que una estrella llegara a colapsar hasta quedar reducida a un punto. Esta era la opinión de la mayoría de los científicos. El propio Einstein escribió un artículo en el que afirmaba que las estrellas no se contraerían hasta un tamaño nulo. La hostilidad de otros científicos, en especial de Eddington, su antiguo profesor y una autoridad destacada en la estructura de las estrellas, persuadió a Chandrasekhar para abandonar esa línea de trabajo y orientarse hacia otros problemas de astronomía. Sin embargo, cuando se le concedió el premio Nobel en 1983 fue, al menos en parte, por su primer trabajo sobre la masa límite de las estrellas frías.

Chandrasekhar había demostrado que el principio de exclusión no podía detener el colapso de una estrella con una masa superior al límite de Chandrasekhar. Pero el problema de entender lo que le sucedería a tal estrella, según la relatividad general, siguió abierto hasta 1939, cuando fue resuelto por un joven norteamericano, Robert Oppenheimer. Sin embargo, su resultado sugería que no habría ninguna consecuencia observacional que pudiera ser detectada por los telescopios de la época. Entonces estalló la Segunda Guerra Mundial y el propio Oppenheimer se vio involucrado en el proyecto de la bomba atómica. Después de la guerra, el problema del colapso gravitatorio cayó en el olvido, cuando la mayoría de los científicos se interesaron por lo que sucede en la escala del átomo y su núcleo. Sin embargo, en la década de 1960 se reavivó el interés en los problemas en la gran escala de la astronomía y la cosmología gracias al aumento en el número y el alcance de las observaciones astronómicas que supuso la aplicación de la tecnología moderna. Entonces el trabajo de Oppenheimer fue redescubierto y ampliado por varias personas.

La imagen que tenemos ahora del trabajo de Oppenheimer es la siguiente: el campo gravitatorio de la estrella cambia las trayectorias de los rayos de luz en el espacio-tiempo respecto a las que habrían sido si la estrella no estuviera presente. Los conos de luz, que indican las trayectorias que siguen en el espacio y el tiempo los destellos de luz emitidos desde sus vértices, se curvan ligeramente hacia dentro cerca de la superficie de la estrella. Esto queda de manifiesto en la curvatura de la luz procedente de estrellas lejanas que puede observarse durante un eclipse de Sol. Cuando la estrella se contrae, el campo gravitatorio en su superficie se hace más intenso y los conos de luz se curvan más hacia dentro. Esto hace más difícil que la luz de la estrella escape, y la luz parece más tenue y más roja para un observador distante.

Finalmente, cuando la estrella se ha contraído hasta un cierto radio crítico, el campo gravitatorio en la superficie se hace tan intenso que los conos de luz están tan inclinados hacia dentro que la luz ya no puede escapar. Según la teoría de la relatividad, nada puede viajar más rápido que la luz. Por lo tanto, si la luz no puede escapar, ninguna otra cosa puede hacerlo: todo es retenido por el campo gravitatorio. De este modo, hay un conjunto de sucesos, una región del espacio-tiempo, de la que no es posible escapar para llegar a un observador distante. Esta región es lo que ahora llamamos un agujero negro. Su frontera se denomina el horizonte de sucesos. Coincide con las trayectorias de los primeros rayos luminosos que dejan de escapar del agujero negro.

Para entender lo que uno vería si estuviese observando el colapso de una estrella para formar un agujero negro, hay que recordar que en la teoría de la relatividad no hay tiempo absoluto. Cada observador tiene su propia medida del tiempo. El tiempo para alguien situado sobre una estrella será diferente del tiempo para alguien situado a cierta distancia, debido al campo gravitatorio de la estrella. Este efecto se ha medido en un experimento realizado en la Tierra con relojes situados en la parte superior y en la parte inferior de una torre. Supongamos que un intrépido astronauta situado en la superficie de la estrella en colapso enviara una señal cada segundo, según su reloj, a una nave espacial que orbita en torno a la estrella. En algún instante en su reloj, digamos las once en punto, la estrella se contraería por debajo del radio crítico en el que el campo gravitatorio se hiciera tan intenso que las señales ya no llegarían a la nave espacial.

Sus compañeros, que observan desde la nave espacial, encontrarían que los intervalos entre señales sucesivas procedentes del astronauta se hacen cada vez mayores a medida que se acercan las once en punto. Sin embargo, el efecto sería muy pequeño antes de las 10:59:59. Solo tendrían que esperar poco más de un segundo entre la señal 10:59:58 del astronauta y la que envió cuando su reloj marcaba 10:59:59, pero tendrían que esperar indefinidamente para la señal de las once en punto. Las ondas luminosas emitidas desde la superficie de la estrella entre las 10:59:59 y las once en punto, por el reloj del astronauta, se distribuirían sobre un período de tiempo infinito, visto desde la nave espacial.

El intervalo de tiempo entre la llegada de ondas sucesivas a la nave espacial se haría cada vez mayor, y con ello la luz procedente de la estrella parecería cada vez más roja y más débil. Finalmente, la estrella se haría tan oscura que ya no podría verse desde la nave espacial. Todo lo que quedaría sería un agujero negro en el espacio. No obstante, la estrella seguiría ejerciendo la misma fuerza gravitatoria sobre la nave espacial. La razón es que la estrella continúa siendo visible para la nave espacial, al menos en teoría. Sucede simplemente que la luz procedente de la superficie está tan desplazada hacia el rojo por el campo gravitatorio de la estrella que no puede verse. Sin embargo, el desplazamiento hacia el rojo no afecta al campo gravitatorio de la propia estrella. Por eso, la nave espacial seguirá orbitando en torno al agujero negro.

El trabajo que hicimos Roger Penrose y yo entre 1965 y 1970 demostraba que, según la relatividad general, debe de haber una singularidad de densidad infinita dentro del agujero negro. Resulta muy parecido al big bang en el comienzo del tiempo, salvo que ahora habría un final del tiempo para el cuerpo que colapsa y el astronauta. En la singularidad, las leyes de la ciencia y nuestra capacidad de predecir el futuro dejarían de ser válidas. Sin embargo, cualquier observador que permaneciera fuera del agujero negro no se vería afectado por este fallo de la predecibilidad, porque ni la luz ni ninguna otra señal puede llegarle de la singularidad.

Este hecho notable llevó a Roger Penrose a proponer la hipótesis de censura cósmica, que podría parafrasearse como «Dios aborrece una singularidad desnuda». En otras palabras, las singularidades producidas por el colapso gravitatorio solo se dan en lugares como agujeros negros, donde están decentemente ocultas a la vista exterior por un horizonte de sucesos. Esto es lo que se conoce como la hipótesis de censura cósmica débil: protege a los observadores que permanecen fuera del agujero negro de las consecuencias de la ruptura de predecibilidad que ocurre en la singularidad. Pero desprotege al desafortunado astronauta que cae en el agujero. ¿No debería Dios proteger también su pudor?

Existen algunas soluciones de las ecuaciones de la relatividad general en las que es posible que nuestro astronauta vea una singularidad desnuda. Él puede evitar la singularidad y en su lugar caer a través de un «agujero de gusano» y salir en otra región del universo. Esto ofrecería grandes posibilidades para viajar en el espacio y en el tiempo, pero por desgracia parece que todas las soluciones pueden ser sumamente inestables. La mínima perturbación, tal como la presencia de un astronauta, puede cambiarlas de modo que el astronauta no puede ver la singularidad hasta que tropieza con ella y su tiempo llega a un final. En otras palabras, la singularidad siempre yace en su futuro y nunca en su pasado.

La versión fuerte de la hipótesis de censura cósmica establece que en una solución realista las singularidades yacen siempre o bien enteramente en el futuro, como las singularidades de colapso gravitatorio, o enteramente en el pasado, como en el big bang. Si fuera válida alguna versión de la hipótesis de censura, las consecuencias serían enormes, porque cerca de singularidades desnudas quizá sea posible viajar al pasado. Y aunque sería del agrado de los escritores de ciencia ficción, significaría que ninguna vida estaría a salvo para siempre. Alguien podría ir al pasado y matar al padre o a la madre de cualquier persona antes de que esta fuera concebida.

En un colapso gravitatorio para formar un agujero negro, los movimientos estarían reprimidos por la emisión de ondas gravitatorias. Por consiguiente, cabría esperar que no pasase demasiado tiempo antes de que el agujero negro se asentara en un estado estacionario. Generalmente se suponía que este estado estacionario final dependería de los detalles del cuerpo que había colapsado para formar el agujero negro. El agujero negro podría tener cualquier forma y tamaño, e incluso su forma podría no ser fija, sino que en su lugar sería pulsante.

Sin embargo, en 1967, un artículo escrito en Dublín por Werner Israel provocó una revolución en el estudio de los agujeros negros. Israel demostró que cualquier agujero negro que no estuviera rotando debía ser perfectamente redondo o esférico. Además, su tamaño solo dependería de su masa. De hecho, podría describirse por una solución particular de las ecuaciones de Einstein que era conocida desde 1917, cuando fue encontrada por Karl Schwarzschild muy poco después del descubrimiento de la relatividad general. Al principio, el resultado de Israel fue interpretado por muchas personas, entre ellos el propio Israel, como prueba de que solo se formarían agujeros negros a partir del colapso de cuerpos que fueran perfectamente redondos o esféricos. Puesto que ningún cuerpo real sería perfectamente esférico, esto significaba que, en general, el colapso gravitatorio llevaría a singularidades desnudas. No obstante, había una interpretación diferente del resultado de Israel que fue defendida por Roger Penrose y John Wheeler en particular. Consistía en que un agujero negro debería comportarse como una bola de fluido. Aunque un cuerpo podría empezar en un estado no esférico, a medida que colapsara para formar un agujero negro se asentaría en un estado esférico debido a la emisión de ondas gravitatorias. Cálculos posteriores apoyaron esta idea y llegó a tener una aceptación general.

El resultado de Israel solo se refería al caso de agujeros negros formados a partir de cuerpos sin rotación. Siguiendo la analogía con una bola de fluido, cabría esperar que un agujero negro formado por el colapso de un cuerpo en rotación no sería perfectamente redondo, sino que tendría un abultamiento alrededor del ecuador debido al efecto de la rotación. Podemos observar un pequeño abultamiento de este tipo en el Sol, causado por su rotación una vez cada veinticinco días más o menos. En 1963, Roy Kerr, un neozelandés, había encontrado un conjunto de soluciones agujero negro de las ecuaciones de la relatividad general más generales que las soluciones de Schwarzschild. Estos agujeros negros «de Kerr» rotan a una velocidad constante, y su tamaño y forma dependen solamente de su masa y velocidad de rotación. Si la rotación era nula, el agujero negro era perfectamente redondo y la solución era idéntica a la solución de Schwarzschild. Pero si la rotación era distinta de cero, el agujero negro se abombaba hacia fuera cerca de su ecuador. Por lo tanto, era natural conjeturar que un cuerpo en rotación que colapsara para formar un agujero negro terminaría en un estado descrito por la solución de Kerr.

En 1970, mi colega y compañero como estudiante de investigación, Brandon Carter, dio el primer paso para demostrar esta conjetura. Probó que con tal de que un agujero negro en rotación estacionaria tuviera un eje de simetría, como una peonza giratoria, su tamaño y forma dependerían solo de su masa y su velocidad de rotación. Más tarde, en 1971, yo mismo demostré que cualquier agujero negro en rotación estacionaria tendría realmente tal eje de simetría. Por último, en 1973, David Robinson, en el King's College de Londres, utilizó los resultados de Carter y los míos para demostrar que la conjetura había sido correcta: un agujero negro semejante tenía que ser realmente la solución de Kerr.

De este modo, tras el colapso gravitatorio, un agujero negro debe asentarse en un estado en el que podría estar rotando, pero no pulsando. Además, su tamaño y su forma dependerían solamente de su masa y su velocidad de rotación, y no de la de la naturaleza del cuerpo que hubiera colapsado para formarlo. Este resultado llegó a conocerse por la máxima «Un agujero negro no tiene pelo». Significa que una gran cantidad de información sobre el cuerpo que ha colapsado debe perderse cuando se forma un agujero negro, porque después de ello todo lo que podemos medir acerca del cuerpo es su masa y su velocidad de rotación. La importancia de esto se verá en la próxima conferencia. El teorema de ausencia de pelo es también de gran importancia práctica porque restringe enormemente las clases posibles de agujeros negros. Gracias a ello se pueden hacer modelos detallados de objetos que podrían contener agujeros negros, y comparar las predicciones de los modelos con las observaciones.

Los agujeros negros son uno de los pocos casos en la historia de la ciencia en los que una teoría se desarrolló con gran detalle como un modelo matemático antes de que hubiera alguna prueba a favor de su corrección procedente de observaciones. De hecho, este solía ser el argumento principal de los detractores de los agujeros negros. ¿Cómo se podía creer en objetos cuya única prueba eran cálculos basados en la dudosa teoría de la relatividad general?

Pero en 1963, Maarten Schmidt, un astrónomo del Observatorio del Monte Palomar en California, descubrió un objeto débil y parecido a una estrella en la dirección de la fuente de radioondas llamada 3C273, es decir, fuente número 273 en el tercer catálogo Cambridge de radiofuentes. Cuando midió el desplazamiento hacia el rojo del objeto, encontró que era demasiado grande para ser causado por un campo gravitatorio; si hubiera sido un desplazamiento hacia el rojo gravitatorio, el objeto tendría que ser tan masivo y estar tan próximo a nosotros que perturbaría las órbitas de los planetas en el sistema solar. Esto sugería que en realidad el desplazamiento hacia el rojo estaba causado por la expansión del universo, lo que a su vez significaba que el objeto estaba a una distancia muy grande. Y para ser visible a una distancia tan grande, el objeto debía ser muy brillante y estar emitiendo una enorme cantidad de energía.

El único mecanismo imaginable que podía producir tan grandes cantidades de energía parecía ser el colapso gravitatorio, no solo de una estrella, sino de toda la región central de una galaxia. Ya se habían descubierto otros varios «objetos cuasiestelares», o cuásares, similares, todos con grandes desplazamientos hacia el rojo, pero están demasiado alejados, y es demasiado difícil observarlos para obtener una prueba concluyente de los agujeros negros.

En 1967 llegaron noticias más alentadoras para la existencia de los agujeros negros con el descubrimiento por parte de una estudiante de investigación en Cambridge, Jocelyn Bell, de algunos objetos celestes que estaban emitiendo pulsos regulares de radioondas. Al principio, Jocelyn y su supervisor, Anthony Hewish, pensaron que quizá habían entrado en contacto con una civilización ajena en la galaxia. De hecho, recuerdo que en el seminario en el que anunciaron su descubrimiento llamaron a las primeras cuatro fuentes encontradas LGM 1-4, donde LGM eran las siglas de «Little Green Men» («hombrecillos verdes»).

No obstante, al final, ellos y todos los demás llegaron a la conclusión menos romántica de que estos objetos, a los que se dio el nombre de púlsares, eran en realidad estrellas de neutrones en rotación. Emitían pulsos de radioondas debido a una complicada interacción entre sus campos magnéticos y la materia circundante. Sin duda, era una mala noticia para los escritores de westerns espaciales, pero muy esperanzadora para el pequeño número de los que creíamos en los agujeros negros en esa época. Era la primera prueba positiva de que existían estrellas de neutrones. Una estrella de neutrones tiene un radio de unos diez kilómetros, solo unas pocas veces el radio crítico en el que una estrella se convierte en un agujero negro. Si una estrella podía colapsar hasta un tamaño tan pequeño, no era irrazonable esperar que otras estrellas pudieran hacerlo a un tamaño aún menor y convertirse en agujeros negros.

¿Cómo podríamos detectar un agujero negro, si por su misma definición no emite luz alguna? Sería como buscar un gato negro en un depósito de carbón. Afortunadamente hay una manera, pues como señaló John Michell en su artículo pionero en 1783, un agujero negro sigue ejerciendo una fuerza gravitatoria sobre los objetos vecinos. Los astrónomos han observado varios sistemas en los que dos estrellas orbitan una alrededor de la otra, atraídas mutuamente por la gravedad. También han observado sistemas en los que solo hay una estrella visible que está orbitando en torno a alguna compañera invisible.

Por supuesto, no se puede concluir de inmediato que la compañera es un agujero negro. Podría ser sencillamente una estrella demasiado débil para verse. Sin embargo, algunos de estos sistemas, como el llamado Cygnus X-I, son también fuentes intensas de rayos X. La mejor explicación para este fenómeno es que los rayos X son generados por materia que ha sido arrancada de la superficie de la estrella visible. Mientras cae hacia la compañera invisible adquiere un movimiento en espiral —parecido al movimiento del agua cuando se vacía una bañera— y se hace muy caliente, emitiendo rayos X. Para que funcione este mecanismo, el objeto invisible tiene que ser muy pequeño, como una enana blanca, una estrella de neutrones o un agujero negro.

A partir del movimiento observado de la estrella visible se puede determinar la mínima masa posible del objeto invisible. En el caso de Cygnus X-I, esta es de unas seis veces la masa del Sol. De acuerdo con el resultado de Chandrasekhar, es demasiado grande para que el objeto invisible sea una enana blanca. Es también una masa demasiado grande para ser una estrella de neutrones. Parece, por lo tanto, que debe de ser un agujero negro.

Hay otros modelos para explicar Cygnus X-I que no incluyen un agujero negro, pero todos son bastante inverosímiles. Un agujero negro parece ser la única explicación realmente natural para las observaciones. Pese a ello, tengo hecha una apuesta con Kip Thorne, del Instituto de Tecnología de California, a que Cygnus X-I no contiene un agujero negro. Esta es para mí una forma de cubrirme. He trabajado mucho sobre los agujeros negros y todo se echaría a perder si resultara que los agujeros negros no existen. Pero si así fuera, al menos tendría el consuelo de ganar mi apuesta, que me proporcionaría una suscripción de cuatro años a la revista *Private Eye*. Si los agujeros negros existen, Kip solo tendrá un año de suscripción a *Penthouse*, porque cuando hicimos la apuesta en 1975 estábamos seguros al 80 por ciento de que Cygnus era un agujero negro. Ahora diría que estamos seguros casi al 95 por ciento, pero la apuesta todavía tiene que dirimirse.

Hay pruebas a favor de los agujeros negros en otros varios sistemas en nuestra galaxia, y a favor de los agujeros negros mucho mayores en los centros de otras galaxias y cuásares. También cabe considerar la posibilidad de que hubiera agujeros negros con masas mucho menores que la del Sol. Tales agujeros negros no podrían formarse por colapso gravitatorio, porque sus masas están por debajo de la masa límite de Chandrasekhar. Las estrellas de esta masa pequeña pueden mantenerse contra la fuerza de la gravedad incluso cuando han agotado su combustible nuclear. Por eso, los agujeros negros de masa pequeña solo podrían formarse si la materia fuera comprimida hasta densidades enormes por presiones externas muy altas. Tales condiciones podrían darse en una bomba de hidrógeno muy grande. El físico John Wheeler calculó en cierta ocasión que si se toma toda el agua pesada de todos los océanos del mundo se podría construir una bomba de hidrógeno que comprimiría tanto la materia en el centro que se crearía un agujero negro. Pero, lamentablemente, no quedaría nadie para observarlo.

Una posibilidad más práctica es que tales agujeros negros de masa pequeña podrían haberse formado en las altas temperaturas y presiones del universo muy primitivo. Podrían haberse formado agujeros negros si el universo primitivo no hubiera sido perfectamente suave y uniforme, porque en tal caso una región pequeña que fuera más densa que la media podría comprimirse de esta manera para formar un agujero negro. Sin embargo, sabemos que debió de haber algunas irregularidades, porque, de lo contrario, la materia del universo seguiría estando distribuida de manera perfectamente uniforme en la época actual, en lugar de estar agrupada en estrellas y galaxias.

El que las irregularidades requeridas para explicar estrellas y galaxias hubieran conducido o no a la formación de un número significativo de estos agujeros negros primordiales depende de las condiciones detalladas en el universo primitivo. Por eso, si pudiéramos determinar cuántos agujeros negros primordiales hay ahora, aprenderíamos mucho sobre las etapas más tempranas del universo. Agujeros negros primordiales con masas de más de 1.000 millones de toneladas —la masa de una gran montaña— podrían detectarse solamente por su influencia gravitatoria sobre otra materia visible o sobre la expansión del universo. Sin embargo, como veremos en la conferencia siguiente, los agujeros negros no son en realidad negros después de todo: resplandecen como un cuerpo caliente, y cuanto más pequeños son, más resplandecen. Así que, paradójicamente, los agujeros negros más pequeños podrían resultar más fáciles de detectar que los grandes.

Cuarta conferencia

LOS AGUJEROS NEGROS NO SON TAN NEGROS

Antes de 1970, mi investigación en relatividad general se había centrado principalmente en la cuestión de si había habido una singularidad de big bang. Sin embargo, una noche de noviembre de dicho año, poco después del nacimiento de mi hija, Lucy, empecé a pensar en los agujeros negros mientras me iba a acostar. Mi discapacidad hace de esto un proceso bastante lento, de modo que tenía mucho tiempo. En esa fecha no había ninguna definición precisa de qué puntos en el espacio-tiempo quedan dentro de un agujero negro y cuáles quedan fuera.

Había discutido con Roger Penrose la idea de definir un agujero negro como el conjunto de sucesos desde los que no era posible escapar a una gran distancia. Esta es ahora la definición generalmente aceptada. Significa que la frontera del agujero negro, el horizonte de sucesos, está formada por los rayos de luz que se quedan a punto de escapar del agujero negro. En lugar de ello, permanecen allí para siempre, cerniéndose sobre el borde del agujero negro. Es como huir de la policía y conseguir mantenerse un paso por delante pero no ser capaz de despegarse claramente.

De repente comprendí que las trayectorias de estos rayos luminosos no podrían estar acercándose unas a otras porque, si lo hicieran, al final deberían tropezar. Sería como si alguien más estuviera huyendo de la policía en dirección opuesta. Ambos fugitivos serían atrapados, o, en el caso que nos ocupa, caerían en un agujero negro. Pero si estos rayos de luz fueran engullidos por el agujero negro, no podrían haber estado en su frontera. Por lo tanto, los rayos de luz en el horizonte de sucesos tenían que estar moviéndose paralelamente o alejándose unos de otros.

Otra forma de verlo es que el horizonte de sucesos, la frontera del agujero negro, es como el borde de una sombra. Es el borde de la luz que escapa a una gran distancia, pero, igualmente, es el borde de la luz que muere en la sombra. Y si uno mira la sombra arrojada por una fuente situada a gran distancia, como el Sol, verá que los rayos de luz en el borde no se aproximan unos a otros. Si los rayos de luz que forman el horizonte de sucesos, la frontera del agujero negro, nunca pueden acercarse, el área del horizonte de sucesos podría seguir siendo la misma o aumentar con el tiempo. Nunca podría disminuir, porque eso significaría que al menos algunos de los rayos de luz en la frontera tendrían que estar aproximándose. De hecho, el área aumentaría cada vez que materia o radiación cayeran dentro del agujero negro.

Supongamos, además, que dos agujeros negros colisionaran y se fusionaran para formar un único agujero negro. Entonces el área del horizonte de sucesos del agujero negro final sería mayor que la suma de las áreas de los horizontes de sucesos de los agujeros negros originales. Esta propiedad de no disminución del área del horizonte de sucesos ponía una restricción importante sobre el comportamiento posible de los agujeros negros. Estaba tan emocionado con mi descubrimiento que casi pude dormir aquella noche.

Al día siguiente llamé a Roger Penrose. Estuvo de acuerdo conmigo. De hecho, creo que él era consciente de esta propiedad del área. Sin embargo, utilizaba una definición de agujero negro ligeramente diferente. No se había dado cuenta de que las fronteras del agujero negro, según las dos definiciones, serían la misma con tal de que el agujero negro se hubiera asentado en un estado estacionario.

La segunda ley de la termodinámica

El comportamiento no decreciente del área de un agujero negro recordaba mucho el comportamiento de una magnitud física llamada entropía, que mide el grado de desorden de un sistema. Es un hecho de experiencia común que el desorden tenderá a aumentar si las cosas se dejan a su aire; solo hay que dejar de hacer reparaciones en una casa para verlo. Se puede poner orden en el desorden; por ejemplo, se puede pintar la casa. Sin embargo, eso requiere un gasto de energía, y con ello decrece la cantidad de energía ordenada disponible.

Un enunciado preciso de esta idea se conoce como la segunda ley de la termodinámica. Afirma que la entropía de un sistema aislado nunca decrece con el tiempo. Además, cuando dos sistemas se juntan, la entropía del sistema combinado es mayor que la suma de las entropías de los sistemas individuales. Por ejemplo, consideremos un sistema de moléculas de gas en una caja. Las moléculas pueden considerarse como pequeñas bolas de billar que colisionan continuamente unas con otras y rebotan en las paredes de la caja. Supongamos que en un principio todas las moléculas están confinadas por un tabique en la mitad izquierda de la caja. Si entonces se elimina el tabique, las moléculas tenderán a difundirse y ocupar las dos mitades de la caja. En algún instante posterior podrían, por azar, estar todas en la mitad derecha o todas en la mitad izquierda de la caja. Sin embargo, es mucho más probable que haya un número aproximadamente igual en las dos mitades. Semejante estado es menos ordenado, o más desordenado, que el estado original en el que todas las moléculas estaban en una mitad. Se dice así que la entropía del gas ha aumentado.

Análogamente, supongamos que empezamos con dos cajas, una que contiene moléculas de oxígeno y otra que contiene moléculas de nitrógeno. Si se juntan las cajas y se elimina la pared que las separa, las moléculas de oxígeno y nitrógeno empezarán a mezclarse. En un instante posterior, el estado más probable será tener una mezcla completamente uniforme de moléculas de oxígeno y nitrógeno en las dos cajas. Este estado sería menos ordenado, y con ello tendría más entropía que el estado inicial de dos cajas separadas.

La segunda ley de la termodinámica tiene un estatus muy diferente del de otras leyes de la ciencia. Otras leyes, como la ley de la gravedad de Newton, por ejemplo, son absolutas; es decir, siempre son válidas. Por el contrario, la segunda ley es estadística; es decir, no siempre ocurre, sino solo en la inmensa mayoría de los casos. La probabilidad de encontrar todas las moléculas de gas de nuestra caja en una mitad de la caja en un tiempo posterior es millones de millones de veces menor que uno, pero podría suceder.

Sin embargo, si tenemos un agujero negro, parece haber una forma bastante más fácil de violar la segunda ley: simplemente arrojamos alguna materia con mucha entropía, como una caja de gas, en el agujero negro. La entropía total de la materia fuera del agujero negro disminuiría. Por supuesto, podríamos seguir diciendo que la entropía total, incluyendo la entropía dentro del agujero negro, no ha disminuido. Pero puesto que no hay manera de mirar dentro del agujero negro, no podemos ver cuánta entropía tiene la materia en su interior. Sería bonito, por lo tanto, si hubiera alguna característica del agujero negro por la que los observadores fuera de él pudieran distinguir su entropía; esta aumentaría cada vez que la materia que lleva entropía cayera en el agujero negro.

Tras mi descubrimiento de que el área del horizonte de sucesos aumentaba cada vez que caía materia en un agujero negro, un estudiante de investigación en Princeton llamado Jacob Bekenstein sugirió que el área del horizonte de sucesos era una medida de la entropía del agujero negro. A medida que materia que lleva entropía cayera en el agujero negro, el área del horizonte de sucesos aumentaría, de modo que la suma de la entropía de la materia fuera de los agujeros negros y el área de los horizontes nunca disminuiría.

Esta sugerencia parecía impedir que la segunda ley de la termodinámica se violara en la mayoría de las situaciones. Sin embargo, tenía un defecto fatal: si un agujero negro tiene entropía, entonces debería tener también una temperatura. Pero un cuerpo con una temperatura no nula debe emitir radiación a un cierto ritmo. Es un hecho de experiencia común que si se calienta un atizador al fuego, se pone al rojo vivo y emite radiación. Sin embargo, cuerpos a temperaturas más bajas también emiten radiación; lo que sucede es que normalmente no la notamos debido a que la cantidad es muy pequeña. Esta radiación es necesaria para impedir violaciones de la segunda ley. Por eso, los agujeros negros deberían emitir radiación, pero, por su misma definición, los agujeros negros son objetos de los que se supone que no emiten nada. Por consiguiente, parecía que el área del horizonte de sucesos de un agujero negro no podía ser considerada como su entropía.

De hecho, en 1972 escribí un artículo sobre este tema con Brandon Carter y un colega norteamericano, Jim Bardeen. En él señalábamos que, aunque había muchas similitudes entre entropía y el área del horizonte de sucesos, existía esta dificultad aparentemente fatal. Debo admitir que uno de mis motivos para escribir este artículo es que me sentía molesto con Bekenstein porque tenía la sensación de que él había utilizado mal mi descubrimiento del incremento del área del horizonte de sucesos. Sin embargo, al final resultó que él estaba básicamente en lo cierto, aunque de una forma que no esperaba.

Radiación de agujero negro

En septiembre de 1973, mientras estaba de visita en Moscú, discutí sobre agujeros negros con dos destacados expertos soviéticos, Yakov Zeldovich y Alexander Starobinski. Ellos me convencieron de que, según el principio de incertidumbre mecanocuántico, los agujeros negros en rotación deberían crear y emitir partículas. Yo creía en la física que había en sus argumentos, pero no me gustaba su forma matemática de calcular la emisión. Por eso me propuse idear un tratamiento matemático mejor, que describí en un seminario informal en Oxford a finales de noviembre de 1973. En esa época no había hecho los cálculos para encontrar cuánto se emitiría en realidad. Esperaba descubrir simplemente la radiación que Zeldovich y Starobinski habían predicho para los agujeros negros en rotación. Sin embargo, cuando hice el cálculo, descubrí, para mi sorpresa y perplejidad, que incluso los agujeros negros sin rotación deberían crear y, aparentemente, emitir partículas a un ritmo estacionario.

Al principio pensé que esta emisión indicaba que una de las aproximaciones que había utilizado no era válida. Me temía que si Bekenstein lo descubría, lo utilizara como un argumento adicional para apoyar sus ideas sobre la entropía de los agujeros negros, que a mí seguía sin gustarme. Sin embargo, cuanto más pensaba en ello, más parecía que las aproximaciones eran realmente válidas. Pero lo que al final me convenció de que la emisión era real fue que el espectro de las partículas emitidas era exactamente el que sería emitido por un cuerpo caliente. El agujero negro emitía partículas exactamente al ritmo correcto para impedir las violaciones de la segunda ley.

Desde entonces otras personas han repetido los cálculos de varias formas diferentes. Todos confirman que un agujero negro debería emitir partículas y radiación como si fuera un cuerpo caliente con una temperatura que depende solo de la masa del agujero negro: cuanto mayor es la masa, menor es la temperatura. Se puede entender esta emisión de la siguiente manera: lo que pensamos que es espacio vacío no puede estar completamente vacío porque eso significaría que todos los campos, como el campo gravitatorio y el campo electromagnético, tendrían que ser exactamente cero. Sin embargo, el valor de un campo y su ritmo de cambio con el tiempo son como la posición y la velocidad de una partícula. El principio de incertidumbre implica que cuanto mayor es la precisión con que se conoce una de estas magnitudes, menor es la precisión con la que se puede conocer la otra.

Así pues, en el espacio vacío el campo no puede estar fijo en un valor exactamente cero, porque entonces tendría a la vez un valor preciso, cero, y un ritmo de cambio preciso, también cero. En su lugar, debe haber una cierta cantidad mínima de incertidumbre, o fluctuaciones cuánticas, en el valor de un campo. Estas fluctuaciones pueden considerarse como pares de partículas de luz o de gravedad que aparecen juntas en cierto instante, se separan y luego se juntan de nuevo y se aniquilan mutuamente. Estas partículas se denominan virtuales. A diferencia de las partículas reales, no pueden observarse directamente con un detector de partículas. Sin embargo, sus efectos indirectos, como cambios pequeños en la energía de las órbitas electrónicas y los átomos, pueden medirse y están de acuerdo con las predicciones teóricas con un extraordinario grado de aproximación.

Por la conservación de la energía, una de las componentes de un par de partículas virtuales tendrá energía positiva y la otra energía negativa. La que tiene energía negativa está condenada a ser una partícula virtual de corta vida. La razón es que las partículas reales siempre tienen energía positiva en situaciones normales. Por consiguiente, debe tratar de encontrar a su compañera y aniquilarse con ella. Sin embargo, el campo gravitatorio dentro de un agujero negro es tan intenso que incluso una partícula real puede tener allí energía negativa.

Por lo tanto, si hay presente un agujero negro es posible que la partícula virtual con energía negativa caiga en el agujero negro y se convierta en una partícula real. En ese caso ya no tiene que aniquilarse con su compañera; su abandonada compañera puede caer asimismo en el agujero negro. Pero puesto que tiene energía positiva, también es posible que escape al infinito como una partícula real. Para un observador a distancia parecerá haber sido emitida desde el agujero negro. Cuanto más pequeño es el agujero negro, menos distancia tendrá que recorrer la partícula con energía negativa antes de convertirse en una partícula real. Así, el ritmo de emisión será mayor, y la temperatura aparente del agujero negro será más alta.

La energía positiva de la radiación saliente estaría compensada por un flujo de partículas de energía negativa hacia el interior del agujero negro. Por la famosa ecuación de Einstein $E = mc^2$, energía es equivalente a masa. Por consiguiente, un flujo de energía negativa hacia el interior del agujero negro reduce su masa. A medida que el agujero negro pierde masa, el área de su horizonte de sucesos se hace menor, pero este decrecimiento de la entropía del agujero negro está sobradamente compensado por la entropía de la radiación emitida, de modo que la segunda ley nunca se viola.

Explosiones de agujeros negros

Cuanto menor es la masa de un agujero negro, más alta es su temperatura. De modo que a medida que el agujero negro pierde masa, su temperatura y el ritmo de emisión aumentan. Con ello pierde masa con mayor rapidez. Lo que sucede cuando la masa del agujero negro llega a hacerse extraordinariamente pequeña no está del todo claro. La conjetura más razonable es que desaparecerá por completo en un tremendo estallido final de emisión, equivalente a la explosión de millones de bombas H.

Un agujero negro con una masa de algunas veces la del Sol tendría una temperatura de solo una diezmillonésima de grado por encima del cero absoluto. Esta es mucho menor que la temperatura de la radiación de microondas que llena el universo, unos 2,7 grados por encima del cero absoluto, de modo que tales agujeros negros emitirían menos de lo que absorben, incluso si eso fuera muy poco. Si el universo está destinado a expandirse para siempre, la temperatura de la radiación de microondas decrecerá con el tiempo hasta ser menor que la de un agujero negro semejante. Entonces el agujero absorberá menos de lo que emite y empezará a perder masa. Pero, incluso entonces, su temperatura es tan baja que tardaría unos 10^{66} años en evaporarse por completo. Este es un tiempo mucho mayor que la edad del universo, que es de solo unos 10^{10} años.

Por otra parte, como he comentado en la última conferencia, podría haber agujeros negros primordiales con una masa muchísimo más pequeña que fueron creados por el colapso de irregularidades en las etapas muy tempranas del universo. Tales agujeros negros tendrían una temperatura mucho más alta y estarían emitiendo radiación a un ritmo mucho mayor. Un agujero negro primordial con una masa inicial de 1.000 millones de toneladas tendría un tiempo de vida aproximadamente igual a la edad del universo. Agujeros negros primordiales con masas iniciales menores que esta cifra ya se habrían evaporado por completo. Sin embargo, aquellos con masas ligeramente mayores seguirían emitiendo radiación en forma de rayos X y rayos gamma. Estos son similares a las ondas luminosas, pero con una longitud de onda mucho más corta. Tales agujeros apenas merecen el apelativo de negros. En realidad están incandescentes, y emiten energía a un ritmo de unos 10.000 megavatios.

Un agujero negro semejante podría impulsar diez grandes centrales eléctricas, tan solo con que pudiésemos aprovechar su emisión. No obstante, esto sería bastante difícil. El agujero negro tendría la masa de una montaña comprimida en el tamaño del núcleo de un átomo. Si tuviéramos uno de estos agujeros negros en la superficie de la Tierra, no habría forma de impedir que cayera atravesando el suelo hacia el centro de la Tierra. Oscilaría de un lado a otro a través de la Tierra, hasta que finalmente se asentaría en el centro. Por eso, el único lugar donde colocar un agujero negro semejante, en el que se pudiera utilizar la energía que emitiera, sería en órbita alrededor de la Tierra. Y la única forma de ponerlo en órbita en torno a la Tierra sería atraerlo allí remolcando una gran masa por delante de él, algo parecido a poner una zanahoria delante de un asno. No parece que esta sea una propuesta demasiado práctica, al menos no en un futuro inmediato.

La búsqueda de agujeros negros primordiales

Pero incluso si no podemos aprovechar la emisión de estos agujeros negros primordiales, ¿cuáles son nuestras probabilidades de observarlos? Podríamos buscar los rayos gamma que emiten los agujeros negros primordiales durante la mayor parte de su existencia. Aunque la radiación de la mayoría de ellos sería muy débil porque están muy alejados, la radiación total de todos ellos podría ser detectable. De hecho, podemos observar tal fondo de rayos gamma. Sin embargo, este fondo fue generado probablemente por procesos distintos de los agujeros negros primordiales. Se puede decir que las observaciones del fondo de rayos gamma no ofrecen ninguna prueba positiva a favor de los agujeros negros primordiales. Pero nos dice que, en promedio, no puede haber más de 300 agujeros negros pequeños en cada año luz cúbico en el universo. Este límite significa que los agujeros negros primordiales podrían constituir como máximo una millonésima de la densidad de masa promedio en el universo.

Al ser tan escasos los agujeros negros primordiales, parecería poco probable que hubiera uno que estuviera lo suficientemente próximo a nosotros para poder observarlo. Pero puesto que la gravedad arrastra los agujeros negros primordiales hacia cualquier materia, estos deberían ser mucho más comunes en las galaxias. Si fueran, digamos, un millón de veces más comunes en las galaxias, entonces el agujero negro más próximo a nosotros estaría probablemente a una distancia de unos 1.000 millones de kilómetros, más o menos la distancia a Plutón, el planeta más lejano conocido. A esta distancia seguiría siendo muy difícil detectar la emisión estacionaria de un agujero negro incluso si fuera de 10.000 megavatios.

Para observar un agujero negro primordial habría que detectar varios cuantos de rayos gamma procedentes de la misma dirección dentro de un intervalo razonable de tiempo, tal como una semana.

De lo contrario, podrían ser simplemente parte del fondo. Pero el principio cuántico de Planck nos dice que cada cuanto de rayos gamma tiene una energía muy alta, porque los rayos gamma tienen una frecuencia muy alta. Así que para radiar incluso 10.000 megavatios no serían necesarios muchos cuantos. Y para observar estos pocos cuantos procedentes de una distancia similar a la de Plutón se requeriría un detector de rayos gamma más grande que cualquiera que se haya construido hasta ahora. Además, el detector tendría que estar en el espacio, porque los rayos gamma no pueden penetrar en la atmósfera.

Por supuesto, si un agujero negro tan cercano como Plutón llegara a alcanzar el final de su vida y explotar, sería fácil detectar el estallido de emisión final. Pero si el agujero negro ha estado emitiendo durante los últimos 10.000 o 20.000 millones de años, las probabilidades de que alcance el final de su vida dentro de los pocos años siguientes son realmente bastante pequeñas. Igualmente podría hacerlo algunos millones de años en el pasado o en el futuro. Por eso, para tener una probabilidad razonable de ver una explosión antes de que se acabe su beca de investigación, tendrían que encontrar una manera de detectar explosiones a una distancia de aproximadamente un año luz. Seguiría existiendo el problema de necesitar un gran detector de rayos gamma para observar varios cuantos de rayos gamma procedentes de la explosión. Sin embargo, en este caso no sería necesario determinar que todos los cuantos procedían de la misma dirección. Bastaría con observar que todos llegaban en un intervalo de tiempo muy corto para tener una seguridad razonable de que procedían del mismo estallido.

Un detector de rayos gamma que podría ser capaz de detectar agujeros negros primordiales es la atmósfera de toda la Tierra. (En cualquier caso, es muy poco probable que podamos construir un detector más grande.) Cuando un cuanto de rayo gamma de alta energía incide en los átomos en nuestra atmósfera crea pares de electrones y positrones. Cuando estos golpean en otros átomos, crean a su vez más pares de electrones y positrones. Así se obtiene lo que se denomina un chaparrón de electrones. El resultado es una forma de luz llamada radiación Cherenkov. Por consiguiente, se pueden detectar estallidos de rayos gamma buscando destellos de luz en el cielo nocturno.

Por supuesto, hay otros varios fenómenos, como los relámpagos, que también pueden provocar destellos en el cielo. Sin embargo, se podrían distinguir los estallidos de rayos gamma de tales efectos observando destellos de manera simultánea en dos o más localizaciones ampliamente separadas. Una búsqueda de este tipo ha sido llevada a cabo por dos científicos de Dublín, Neil Porter y Trevor Weekes, utilizando telescopios en Arizona. Encontraron varios destellos pero ninguno que pudiera ser atribuido definitivamente a estallidos de rayos gamma procedentes de agujeros negros primordiales.

Incluso si la búsqueda de agujeros negros primordiales resulta negativa, como parece que puede serlo, seguiría dándonos información importante sobre las etapas muy tempranas del universo. Si el universo primitivo hubiera sido caótico o irregular, o si la presión de la materia hubiese sido baja, cabría esperar que hubiera producido muchos más agujeros negros primordiales que el límite establecido por nuestras observaciones del fondo de rayos gamma. Solo si el universo primitivo fue muy suave y uniforme, y con una alta presión, se podría explicar la ausencia de un número observable de agujeros negros primordiales.

Relatividad general y mecánica cuántica

La radiación de los agujeros negros fue el primer ejemplo de una predicción que dependía de las dos grandes teorías de este siglo, la relatividad general y la mecánica cuántica. Inicialmente despertó mucha oposición porque contradecía el punto de vista existente: «¿Cómo puede un agujero negro emitir algo?». Cuando anuncié por primera vez los resultados de mis cálculos en una conferencia en el Laboratorio Rutherford, cerca de Oxford, fui recibido con incredulidad general. Al final de mi charla el presidente de la sesión, John G. Taylor, del King's College de Londres, afirmó que era un completo absurdo. Incluso escribió un artículo a tal efecto.

Sin embargo, al final la mayoría de la gente, entre ellos John Taylor, ha llegado a la conclusión de que los agujeros negros deben radiar como cuerpos calientes si el resto de nuestras ideas sobre la relatividad general y la mecánica cuántica son correctas. Así, incluso si todavía no hemos conseguido encontrar un agujero negro primordial, hay un acuerdo general en que, si lo hiciéramos, tendría que estar emitiendo muchos rayos gamma y rayos X. Si encontramos uno, ganaré el premio Nobel.

La existencia de radiación procedente de los agujeros negros parece implicar que el colapso gravitatorio no es tan final e irreversible como pensábamos en otro tiempo. Si un astronauta cae dentro de un agujero negro, la masa de este aumentará. Con el tiempo, la energía equivalente de dicha masa extra será devuelta al universo en forma de radiación. Así pues, en cierto sentido, el astronauta será reciclado. No obstante, sería una pobre clase de inmortalidad, porque cualquier concepto personal de tiempo para el astronauta llegaría a un final casi con certeza cuando fuera aplastado dentro del agujero negro. Incluso las clases de partículas que fueran emitidas eventualmente por el agujero negro serían en general diferentes de las que constituyeran al astronauta. La única característica del astronauta que sobreviviría sería su masa o energía.

Las aproximaciones que utilicé para deducir la emisión de los agujeros negros deberían funcionar cuando el agujero negro tiene una masa mayor que una fracción de gramo. Sin embargo, dejarán de ser válidas al final de la vida del agujero negro, cuando su masa se hace muy pequeña. Todo indica que el resultado más probable sería que el agujero negro simplemente desaparecería, al menos de nuestra región del universo. Se llevaría consigo al astronauta y a cualquier singularidad que pudiera haber dentro del agujero negro. Este fue el primer indicio de que la mecánica cuántica podría eliminar las singularidades que fueron predichas por la relatividad general clásica. Sin embargo, los métodos que algunos colegas y yo estábamos utilizando en 1974 para estudiar los efectos cuánticos de la gravedad no podían responder a preguntas tales como si ocurrirían singularidades en gravedad cuántica.

Por eso, a partir de 1975 empecé a elaborar una aproximación más poderosa a la gravedad cuántica basada en la idea de Feynman de una suma sobre historias. Describiré las respuestas que sugiere esta aproximación para el origen y el destino del universo en las dos conferencias siguientes. Veremos que la mecánica cuántica permite que el universo tenga un comienzo que no sea una singularidad. Esto significa que las leyes de la física no tienen que dejar de ser válidas en el origen del universo. El estado del universo y sus contenidos, como nosotros mismos, están completamente determinados por las leyes de la física, hasta el límite establecido por el principio de incertidumbre. ¡Para que luego hablen del libre albedrío!

Quinta conferencia

EL ORIGEN Y EL DESTINO DEL UNIVERSO

Durante la década de 1970, me había dedicado básicamente a los agujeros negros. Sin embargo, mi interés por las cuestiones sobre el origen del universo se reavivó en 1981, cuando asistí a una conferencia sobre cosmología en el Vaticano. La Iglesia católica había cometido un lamentable error con Galileo cuando trató de imponer su ley sobre una cuestión científica declarando que el Sol giraba alrededor de la Tierra. Ahora, siglos más tarde, había decidido que sería mejor invitar a varios expertos para que le aconsejaran sobre cosmología.

Al final de la conferencia se nos concedió a los participantes una audiencia con el Papa. Nos dijo que estaba bien estudiar la evolución del universo después del big bang, pero que no deberíamos investigar sobre el propio big bang porque eso era el momento de la creación y, por consiguiente, la obra de Dios.

Entonces me alegré de que él no conociera el tema de la charla que yo acababa de dar en la conferencia, pues no tenía ganas de compartir el destino de Galileo; siento mucha simpatía por Galileo, en parte porque nací exactamente trescientos años después de su muerte.

EL MODELO DEL BIG BANG CALIENTE

Para explicar de qué trataba mi ponencia, describiré primero la historia del universo tal como hoy es generalmente aceptada, según lo que se conoce como el «modelo del big bang caliente». Este supone que el universo se describe por un modelo de Friedmann, que se retrotrae hasta el mismo big bang. En tales modelos se encuentra que a medida que el universo se expande, la temperatura de la materia y la radiación en el mismo descenderá. Puesto que la temperatura es simplemente una medida de la energía media de las partículas, este enfriamiento del universo tendrá un efecto importante sobre la materia que hay en él. A temperaturas muy altas, las partículas se moverán con tanta rapidez que pueden escapar de cualquier atracción mutua causada por fuerzas nucleares o electromagnéticas. Pero cuando se enfríen, cabe esperar que las partículas que se atraen mutuamente empiecen a agregarse.

En el propio big bang, el universo tenía tamaño cero, y por lo tanto debía de haber sido infinitamente caliente. Pero a medida que el universo se habría ido expandiendo, la temperatura de la radiación habría decrecido. Un segundo después del big bang habría caído hasta unos 10.000 millones de grados. Esta es aproximadamente mil veces la temperatura en el centro del Sol, pero temperaturas tan altas como esta se alcanzan en explosiones de bombas H. En ese momento el universo habría contenido fundamentalmente fotones, electrones y neutrinos, y sus antipartículas, junto con algunos protones y neutrones.

A medida que el universo seguía expandiéndose y la temperatura caía, el ritmo al que se producían pares electrón-positrón en las colisiones habría caído por debajo del ritmo al que se destruían por aniquilación. Así, la mayoría de los electrones y los antielectrones se habrían aniquilado mutuamente para producir más fotones, dejando detrás solo unos poco electrones.

Aproximadamente cien segundos después del big bang, la temperatura habría caído hasta 1.000 millones de grados, la temperatura en el interior de las estrellas más calientes. A esta temperatura, protones y neutrones ya no tendrían energía suficiente para escapar de la atracción de la fuerza nuclear fuerte. Empezarían a combinarse para formar núcleos de átomos de deuterio, o hidrógeno pesado, que contienen un protón y un neutrón. Los núcleos de deuterio se combinarían entonces con más protones y neutrones para formar núcleos de helio, que contienen dos protones y dos neutrones. Habría también pequeñas cantidades de un par de elementos más pesados: litio y berilio.

Se puede calcular que en el modelo del big bang caliente aproximadamente una cuarta parte de los protones y los neutrones se habrían convertido en núcleos de helio, junto con una pequeña cantidad de hidrógeno pesado y otros elementos. Los neutrones restantes se habrían desintegrado en protones, que son los núcleos de átomos de hidrógeno ordinario. Estas predicciones están en gran consonancia con lo que se observa.

El modelo del big bang caliente predice también que deberíamos poder observar la radiación residual de las tempranas etapas calientes. Sin embargo, su temperatura se habría reducido a unos pocos grados sobre el cero absoluto por la expansión del universo. Esta es la explicación del fondo de radiación de microondas descubierto por Penzias y Wilson en 1965. Por eso tenemos plena confianza en que poseemos la imagen correcta, al menos hasta aproximadamente un segundo después del big bang. Tan solo unas pocas horas después del big bang, la producción de helio y otros elementos se habría detenido. Y después de eso, durante el siguiente millón de años aproximadamente, el universo habría seguido expandiéndose, sin que sucediera mucho más. Por último, una vez que la temperatura hubiera caído a unos pocos miles de grados, los electrones y los núcleos ya no habrían tenido energía suficiente para superar la atracción electromagnética entre ellos. Entonces habrían empezado a combinarse para formar átomos.

El universo en conjunto habría seguido expandiéndose y enfriándose. Sin embargo, en regiones que fueran ligeramente más densas que la media la expansión habría sido frenada por la atracción gravitatoria extra. Con el tiempo, esto detendría la expansión en algunas regiones y haría que empezaran a colapsar de nuevo. Mientras estaban colapsando, la atracción gravitatoria de la materia fuera de dichas regiones haría que empezaran a rotar ligeramente. A medida que la región que colapsaba se hiciera más pequeña, rotaría con más velocidad, de la misma forma que los patinadores que giran sobre el hielo lo hacen con más rapidez cuando encogen sus brazos. Finalmente, cuando la región llegara a ser lo bastante pequeña, giraría lo suficientemente rápido para equilibrar la atracción de la gravedad. De este modo nacieron galaxias rotatorias de tipo disco.

Con el paso del tiempo, el gas en las galaxias se rompería en nubes más pequeñas que colapsarían bajo su propia gravedad. Conforme estas se contrajeran, la temperatura del gas aumentaría hasta que se hiciera suficientemente caliente para iniciar reacciones nucleares. Estas transformarían el hidrógeno en más helio, y el calor cedido elevaría la presión, y con ello detendría la contracción posterior de las nubes. Permanecerían en ese estado durante mucho tiempo como estrellas similares a nuestro Sol, quemando hidrógeno para dar helio e irradiando la energía como calor y luz.

Las estrellas más masivas tendrían que estar más calientes para contrarrestar su mayor atracción gravitatoria. Esto haría que las reacciones de fusión nuclear procedieran con tanta rapidez que agotarían su hidrógeno en tan solo cien millones de años. Luego se contraerían ligeramente y, conforme se calentaran más, empezarían a convertir helio en elementos más pesados como carbono u oxígeno. Esto, no obstante, no liberaría mucha más energía, de modo que se produciría una crisis, como he descrito en mi conferencia sobre los agujeros negros.

Lo que sucede a continuación no está del todo claro, pero parece probable que las regiones centrales de la estrella colapsarían hasta un estado muy denso, como una estrella de neutrones o un agujero negro. Las regiones exteriores de la estrella podrían salir despedidas en una tremenda explosión llamada una supernova, que superaría en brillo a todas las demás estrellas de la galaxia. Algunos de los elementos más pesados producidos cerca del final de la vida de la estrella serían expelidos para añadirse al gas de la galaxia. Proporcionarían parte de la materia prima para la siguiente generación de estrellas.

Nuestro propio Sol contiene aproximadamente un 2 por ciento de estos elementos más pesados porque es una estrella de segunda —o tercera— generación. Se formó hace unos 5.000 millones de años a partir de una nube de gas en rotación que contenía los residuos de supernovas anteriores. La mayor parte del gas en dicha nube pasó a formar el Sol o se dispersó. Sin embargo, una pequeña cantidad de los elementos más pesados se agregó para constituir los cuerpos que ahora orbitan en torno al Sol en forma de planetas, como es el caso de la Tierra.

Preguntas abiertas

La imagen de un universo que empezó muy caliente y se enfrió a medida que se expandía está de acuerdo con todas las pruebas observacionales que hoy tenemos. Sin embargo, deja varias preguntas importantes sin respuesta. En primer lugar, ¿por qué estaba tan caliente el universo primitivo? En segundo lugar, ¿por qué es el universo tan uniforme a gran escala, por qué parece igual en todos los puntos del espacio y en todas las direcciones?

En tercer lugar, ¿por qué el universo empezó tan cerca de la velocidad de expansión crítica para no volver a colapsar? Si la velocidad de expansión un segundo después del big bang hubiera sido menor siquiera en una parte en 100.000 billones, el universo habría vuelto a colapsar antes de que hubiese alcanzado su tamaño actual. Por el contrario, si la velocidad de expansión un segundo después hubiera sido mayor en la misma cantidad, el universo se habría expandido tanto que ahora estaría prácticamente vacío.

En cuarto lugar, pese al hecho de que el universo es tan uniforme y homogéneo a gran escala, contiene grumos locales tales como estrellas y galaxias. Se cree que estas se han desarrollado a partir de pequeñas diferencias en la densidad del universo primitivo de una región a otra. ¿Cuál era el origen de estas fluctuaciones de densidad?

La teoría de la relatividad general, por sí sola, no puede explicar estos aspectos ni responder a estas preguntas. La razón es que predice que el universo empezó con densidad infinita en la singularidad del big bang. En la singularidad, la relatividad general y todas las demás leyes de la física dejan de ser válidas. No se puede predecir lo que vaya a salir de la singularidad. Como he explicado antes, esto significa que se podría prescindir perfectamente de todos los sucesos anteriores al big bang porque no pueden tener ningún efecto sobre lo que observamos. El espacio-tiempo tendría una frontera: un comienzo en el big bang. ¿Por qué el universo debería haber empezado en el big bang de la manera precisa que ha llevado al estado que observamos hoy? ¿Por qué es el universo tan uniforme, y se está expandiendo precisamente a la velocidad crítica para no volver a colapsar? Nos sentiríamos más felices si pudiéramos demostrar que un universo como el que hoy observamos podría haber evolucionado a partir de un gran número de diferentes configuraciones iniciales.

Si es así, un universo que se desarrollase a partir de algún tipo de condiciones iniciales aleatorias debería contener varias regiones similares a la que observamos. Podría haber también regiones que fueran muy diferentes. Sin embargo, es muy probable que estas regiones no fueran apropiadas para la formación de galaxias y estrellas. Estas son prerrequisitos esenciales para el desarrollo de vida inteligente, al menos tal como la conocemos nosotros. Así pues, estas regiones no contendrían ningún ser que pudiera observar que eran muy diferentes.

Cuando consideramos la cosmología, tenemos que tener en cuenta el principio de selección según el cual vivimos en una región del universo que es adecuada para la vida inteligente. Esta consideración bastante obvia y elemental es denominada a veces el principio antrópico. Supongamos, por el contrario, que para llegar a algo como lo que vemos hoy a nuestro alrededor, la etapa inicial del universo tuviera que escogerse de forma extraordinariamente cuidadosa. Entonces sería poco probable que el universo contuviera alguna región en la que apareciera la vida.

En el modelo del big bang caliente que he descrito antes no había tiempo suficiente en el universo primitivo para que el calor fluyera de una región a otra. Esto significa que las diferentes regiones del universo tendrían que haber empezado con la misma temperatura exactamente para poder explicar el hecho de que el fondo de microondas tenga la misma temperatura en cualquier dirección que miremos. Además, la velocidad de expansión inicial tendría que haberse escogido de forma muy precisa para que el universo no haya vuelto a colapsar hasta ahora. Y esto significa que, si el modelo del big bang caliente fuera correcto hasta el comienzo del tiempo, el estado inicial del universo debería haberse escogido con gran meticulosidad. Sería muy difícil explicar por qué el universo debería haber empezado precisamente de esta manera, salvo como el acto de un Dios que pretendiera crear seres como nosotros.

El modelo inflacionario

Para evitar esta dificultad con las etapas muy tempranas del modelo del big bang caliente, Alan Guth, del Instituto de Tecnología de Massachusetts, propuso un nuevo modelo. En este, muchas configuraciones iniciales diferentes podrían haber evolucionado hasta algo parecido al universo actual. Sugirió que el universo primitivo podría haber tenido un período de expansión muy rápida o exponencial. Se dice que esta expansión es inflacionaria por analogía con la inflación en los precios que ocurre en mayor o menor medida en todos los países. El récord mundial de inflación se dio probablemente en Alemania después de la Primera Guerra Mundial, cuando el precio de una barra de pan pasó de costar menos de un marco a millones de marcos en pocos meses. Pero incluso esta no fue nada comparada con la inflación que pensamos que pudo haber ocurrido en el tamaño del universo: un millón de millones de millones de millones de millones de veces en solo una minúscula fracción de segundo. Por supuesto, eso fue antes del gobierno actual.

Guth sugirió que el universo empezó en el big bang muy caliente. Cabría esperar que a temperaturas tan altas las fuerzas nucleares fuerte y débil y la fuerza electromagnética estarían unificadas en una única fuerza. Conforme el universo se expandiera se enfriaría, y las energías de las partículas disminuirían. Finalmente se produciría lo que se denomina una transición de fase, y se rompería la simetría entre las fuerzas. La fuerza fuerte se haría diferente de las fuerzas débil y electromagnética. Un ejemplo común de una transición de fase es la congelación del agua cuando se enfría. El agua líquida es simétrica: igual en cada punto y cada dirección. Sin embargo, cuando se forman cristales de hielo, estos tienen posiciones definidas y están alineados en alguna dirección. Esto rompe la simetría del agua.

En el caso del agua, si se es cuidadoso, es posible «sobreenfriarla». Es decir, se puede reducir la temperatura por debajo del punto de congelación —cero grados centígrados— sin que se forme hielo. Guth sugirió que el universo podría comportarse de un modo similar. La temperatura podría caer por debajo del valor crítico sin que se rompiera la simetría entre las fuerzas. Si sucediera esto, el universo estaría en un estado inestable, con más energía que la que tendría si la simetría se hubiese roto. Puede demostrarse que esta energía especial extra tiene un efecto antigravitatorio. Actuaría precisamente como una constante cosmológica.

Einstein introdujo la constante cosmológica en la relatividad general cuando estaba tratando de construir un modelo estático del universo. Sin embargo, en este caso, el universo ya estaría expandiéndose. El efecto repulsivo de esta constante cosmológica habría hecho así que el universo se expandiera a un ritmo cada vez mayor. Incluso en regiones donde hubiera más partículas materiales que la media, la atracción gravitatoria de la materia habría sido superada por la repulsión de la constante cosmológica efectiva. Así pues, estas regiones se expandirían también de una forma inflacionaria acelerada.

Conforme el universo se expandía, las partículas de materia se separaban. Quedaría un universo en expansión que apenas contendría partículas. Seguiría estando en el estado sobreenfriado, en el que la simetría entre las fuerzas no está rota. Cualquier irregularidad en el universo simplemente habría sido suavizada por la expansión, igual que las arrugas en un globo se suavizan cuando se hincha. Así pues, el estado suave y uniforme del universo actual podría haber evolucionado a partir de muchos estados iniciales no uniformes diferentes. Luego, la velocidad de expansión también tendería hacia el valor crítico necesario para evitar la vuelta al colapso.

Además, la idea de inflación también podría explicar por qué hay tanta materia en el universo. Hay algo del orden de 10^{80} partículas en la región del universo que podemos observar. ¿De dónde proceden? La respuesta es que, en teoría cuántica, las partículas pueden crearse a partir de la energía en forma de pares partícula/antipartícula. Pero esto plantea la pregunta: ¿de dónde procedía la energía? La respuesta es que la energía total del universo es exactamente cero.

La materia del universo está hecha de energía positiva. Sin embargo, toda la materia se atrae por gravedad. Dos trozos de materia que están próximos tienen menor energía que los mismos dos trozos separados a gran distancia. La razón es que hay que gastar energía para separarlos. Hay que tirar de ellos en contra de la fuerza gravitatoria por la que se atraen. Así, en cierto sentido, el campo gravitatorio tiene energía negativa. En el caso del universo en conjunto se puede demostrar que esta energía gravitatoria negativa cancela exactamente la energía positiva de la materia. Por lo tanto, la energía total del universo es cero.

Ahora bien, el doble de cero es también cero. Por lo tanto, el universo puede duplicar la cantidad de energía de materia positiva y duplicar también la energía gravitatoria negativa sin que se viole la conservación de la energía. Esto no sucede en la expansión normal del universo en la que la densidad de energía de materia disminuye a medida que el universo se hace más grande. Sí sucede, sin embargo, en la expansión inflacionaria, porque la densidad de energía del estado sobreenfriado permanece constante mientras el universo se expande. Cuando el universo duplica su tamaño, tanto la energía de materia positiva como la energía gravitatoria negativa se duplican, de modo que la energía total sigue siendo cero. Durante la fase inflacionaria, el universo aumenta su tamaño en una cantidad muy grande. De este modo, la cantidad total de energía disponible para hacer partículas se hace muy grande. Como comentaba Guth: «Se dice que nada sale gratis. Pero el universo es la gratuidad definitiva».

El final de la inflación

Actualmente el universo no se está expandiendo de manera inflacionaria. Por lo tanto, tuvo que haber algún mecanismo que eliminara la muy alta constante cosmológica efectiva. Esto cambiaría la velocidad de expansión, que pasaría de ser acelerada a ser frenada por la gravedad, como la que tenemos hoy. A medida que el universo se expandiera y enfriara, cabría esperar que, con el tiempo, la simetría entre las fuerzas se rompiera, de la misma forma que el agua sobreenfriada siempre acaba por congelarse. La energía extra del estado de simetría intacta sería entonces liberada y recalentaría el universo. Luego el universo seguiría expandiéndose y enfriándose, igual que en el modelo del big bang caliente. Sin embargo, ahora habría una explicación de por qué el universo se estaba expandiendo exactamente a la velocidad crítica y por qué diferentes regiones tenían la misma temperatura.

En la propuesta original de Guth se suponía que la transición a la simetría rota se producía de forma repentina, muy parecida a como aparecen cristales de hielo en el agua muy fría. La idea era que se habían formado «burbujas» de la nueva fase de simetría rota en la fase vieja, como burbujas de vapor rodeadas por agua hirviendo. Se suponía que las burbujas se expandían y fusionaban unas con otras hasta que el universo entero estaba en la nueva fase. El problema, como varios colegas y yo apuntamos, era que el universo se estaba expandiendo tan rápidamente que las burbujas se estarían alejando unas de otras con demasiada rapidez para unirse. El universo quedaría en un estado nada uniforme, con regiones en las que habría simetría entre las diferentes fuerzas. Semejante modelo del universo no correspondería a lo que vemos.

En octubre de 1981 fui a Moscú a una conferencia sobre gravedad cuántica. Después de la conferencia impartí un seminario sobre el modelo inflacionario y sus problemas en el Instituto Astronómico Sternberg. Entre la audiencia había un joven ruso, Andréi Linde, que dijo que el problema de que las burbujas no se unieran podía evitarse si estas fueran muy grandes. En este caso, nuestra región del universo podría estar contenida dentro de una única burbuja. Para que esto funcione, el cambio de simetría intacta a simetría rota debería producirse muy lentamente dentro de la burbuja, pero resulta perfectamente posible según las teorías de la gran unificación.

La idea de Linde de una ruptura de simetría lenta era muy buena, si bien señalé que sus burbujas tendrían que haber sido mayores que el tamaño del universo en esa época. Demostré que la simetría se habría roto en todos los lugares al mismo tiempo, y no solo dentro de las burbujas. Esto llevaría a un universo uniforme, como el que observamos. El modelo de ruptura lenta de simetría era un buen intento para explicar por qué el universo es como es. Sin embargo, varios colegas y yo demostramos que predecía variaciones en la radiación del fondo de microondas mucho mayores que las observadas. Además, trabajos posteriores arrojaron dudas sobre si habría habido el tipo correcto de transición de fase en el universo primitivo. Un modelo mejor, llamado el modelo inflacionario caótico, fue introducido por Linde en 1983. Este no depende de transiciones de fase y puede darnos el tamaño correcto de las variaciones del fondo de microondas. El modelo inflacionario demostraba que el estado actual del universo podría haber aparecido a partir de un gran número de configuraciones iniciales diferentes. Sin embargo, no puede darse el caso de que cualquier configuración inicial tuviera que llevar a un universo como el que observamos. Así que ni siquiera el modelo inflacionario nos dice por qué la configuración inicial era tal que fuera a producir lo que observamos. ¿Debíamos volver al principio antrópico en busca de una explicación? ¿Era todo simplemente una coincidencia fortuita? Sin duda parecería una salida desesperada, una negación de todas nuestras esperanzas de entender el orden subyacente del universo.

Gravedad cuántica

Para predecir cómo debería haber empezado el universo se necesitan leyes que sean válidas en el comienzo del tiempo. Si la teoría clásica de la relatividad general era correcta, el teorema de singularidad probaba que el comienzo del tiempo habría sido un punto de densidad y curvatura infinitas. Todas las leyes de la ciencia conocidas dejarían de ser válidas en ese punto. Cabría suponer que había nuevas leyes que eran válidas en las singularidades, pero sería muy difícil formular siquiera leyes en puntos con un comportamiento tan anómalo, y nada procedente de las observaciones podría guiarnos hacia dichas leyes. Sin embargo, lo que realmente indican los teoremas de singularidad es que el campo gravitatorio se hace tan intenso que los efectos gravitatorios cuánticos cobran importancia: la teoría clásica ya no es una buena descripción del universo. Por eso hay que utilizar una teoría cuántica de la gravedad para discutir las etapas más tempranas del universo. Como veremos, es posible en la teoría cuántica que las leyes ordinarias de la ciencia sean válidas en todo lugar, incluso en el comienzo del tiempo. No es necesario postular nuevas leyes para las singularidades, porque no hay necesidad de singularidades en la teoría cuántica.

Aún no tenemos una teoría completa y consistente que combine mecánica cuántica y gravedad. Sin embargo, estamos completamente seguros de algunas características que debería poseer semejante teoría unificada. Una es que debería incorporar la propuesta de Feynman de formular la teoría cuántica en forma de una suma sobre historias. En esta aproximación, una partícula que va de A a B no tiene una única historia como la tendría en una teoría clásica. En su lugar, se supone que sigue toda trayectoria posible en el espacio-tiempo. Con cada una de estas historias hay asociado un par de números, uno que representa el tamaño de una onda y otro que representa su posición en el ciclo, su fase.

La probabilidad de que la partícula pase, digamos, por un punto particular se encuentra sumando las ondas asociadas con cada historia posible que pasa por dicho punto. Sin embargo, cuando tratamos de realizar estas sumas tropezamos con graves problemas técnicos. La única forma de sortearlos es la siguiente receta peculiar: hay que sumar las ondas para historias de partícula que no están en el tiempo real que ustedes y yo experimentamos, sino que tienen lugar en un tiempo imaginario.

Un tiempo imaginario puede sonar a ciencia ficción, pero de hecho es un concepto matemático bien definido. Para evitar las dificultades técnicas con la suma sobre historias de Feynman hay que utilizar un tiempo imaginario. Esto tiene un efecto interesante sobre el espacio-tiempo: la distinción entre tiempo y espacio desaparece por completo. De un espacio-tiempo en el que los sucesos tienen valores imaginarios de la coordenada temporal se dice que es euclídeo porque la métrica es definida positiva.

En un espacio-tiempo euclídeo no hay diferencia entre la dirección temporal y las direcciones espaciales. Por el contrario, en el espacio-tiempo real, en el que los sucesos están etiquetados por valores reales de la coordenada temporal, es fácil ver la diferencia. La dirección temporal está dentro del cono de luz, y las direcciones espaciales yacen fuera. Se puede considerar la utilización de un tiempo imaginario como un mero artificio —o truco— matemático para calcular respuestas acerca del espacio-tiempo real. Sin embargo, quizá sea mucho más que eso. Tal vez el espacio-tiempo euclídeo es el concepto fundamental y lo que consideramos espacio-tiempo real es tan solo obra de nuestra imaginación.

Cuando aplicamos la suma sobre historias de Feynman al universo, el análogo de la historia de una partícula es ahora un espacio-tiempo completo curvo que representa la historia de todo el universo. Por las razones técnicas antes mencionadas, hay que tomar estos espacio-tiempos curvos como euclídeos. Es decir, el tiempo es imaginario e indistinguible de las direcciones en el espacio. Para calcular la probabilidad de encontrar un espacio-tiempo real con cierta propiedad se suman las ondas asociadas con todas las historias en el tiempo imaginario que tienen dicha propiedad. Entonces se puede calcular cuál sería la historia probable del universo en el tiempo real.

La condición de ausencia de frontera

En la teoría clásica de la gravedad, que se basa en un espacio-tiempo real, el universo solo puede comportarse de dos maneras. O bien ha existido durante un tiempo infinito, o bien ha tenido una singularidad en un tiempo finito en el pasado. De hecho, los teoremas de singularidad muestran que debe ocurrir la segunda posibilidad. En la teoría cuántica de la gravedad, por el contrario, surge una tercera posibilidad. Puesto que se utilizan espacio-tiempos euclídeos, en los que la dirección temporal está en pie de igualdad con las direcciones espaciales, es posible que el espacio-tiempo sea finito en extensión y pese a todo no tenga singularidades que formen una frontera o borde. El espacio-tiempo sería como la superficie de la Tierra, solo que con dos dimensiones más. La superficie de la Tierra es finita en extensión, pero no tiene ninguna frontera o borde. Si uno navega hacia la puesta de Sol, no caerá por un precipicio ni tropezará con una singularidad. Lo sé porque he dado la vuelta al mundo.

Si los espacio-tiempos euclídeos se remontaran directamente hasta un tiempo imaginario infinito o, por el contrario, empezaran en una singularidad, tendríamos el mismo problema que en la teoría clásica para especificar el estado inicial del universo. Dios puede saber cómo empezó el universo, pero nosotros no podemos dar ninguna razón concreta para pensar que empezó de una manera antes que de otra. Por el contrario, la teoría cuántica de la gravedad ha abierto una nueva posibilidad. En esta, no habría ninguna frontera para el espacio-tiempo. Por consiguiente, no habría ninguna necesidad de especificar el comportamiento en la frontera. No habría singularidades en las que las leyes de la ciencia dejaran de ser válidas ni bordes del espacio-tiempo en el que hubiera que apelar a Dios o alguna nueva ley para establecer las condiciones de frontera para el espacio-tiempo. Se podría decir: «La condición de frontera del universo es que no tiene frontera». El universo sería completamente autocontenido y no estaría afectado por nada fuera del mismo. No sería ni creado ni destruido. Simplemente sería.

Fue en la conferencia en el Vaticano donde propuse por primera vez la sugerencia de que quizá tiempo y espacio formaban juntos una superficie que era de tamaño finito pero no tenía ninguna frontera o borde. No obstante, mi artículo era bastante matemático, de modo que sus implicaciones para el papel de Dios en la creación del universo no fueron advertidas en ese momento —ni siquiera yo las advertí—. En el momento de la conferencia del Vaticano no sabía cómo utilizar una idea de ausencia de frontera para hacer predicciones sobre el universo. Sin embargo, pasé el verano siguiente en la Universidad de California en Santa Bárbara. Allí, mi amigo y colega Jim Hartle y yo calculamos qué condiciones debería satisfacer el universo si el espacio-tiempo no tuviera frontera.

Tendría que puntualizar que esta idea de que el tiempo y el espacio deberían ser finitos sin frontera es tan solo una propuesta. No puede deducirse de otro principio. Como cualquier otra teoría científica, puede ser propuesta inicialmente por razones estéticas o metafísicas, pero la prueba real es que haga predicciones que estén de acuerdo con las observaciones. Sin embargo, esto es difícil de determinar en el caso de la gravedad cuántica por dos razones. Primero, aún no estamos seguros de qué teoría combina satisfactoriamente la relatividad general y la mecánica cuántica, aunque sabemos mucho sobre la forma que debería tener dicha teoría. Segundo, cualquier modelo que describa el universo entero en detalle sería demasiado complicado matemáticamente para que pudiéramos deducir predicciones exactas. Por consiguiente, hay que hacer aproximaciones, e incluso entonces el problema de extraer predicciones sigue siendo difícil.

Con la propuesta de ausencia de frontera se considera que la probabilidad de que el universo estuviera siguiendo la mayor parte de las historias posibles es despreciable. Pero hay una familia particular de historias que son mucho más probables que las otras. Podemos imaginar estas historias como si estuvieran en la superficie de la Tierra y la distancia al polo norte representara el tiempo imaginario; el tamaño de un paralelo representaría el tamaño espacial del universo. El universo empieza en el polo norte en un único punto. A medida que nos movemos hacia el sur, el paralelo se hace más grande, lo que corresponde a que el universo se expande con tiempo imaginario. El universo alcanzaría un tamaño máximo en el ecuador y se contraería de nuevo hasta un único punto en el polo sur. Incluso si el universo tuviera un tamaño cero en los polos norte y sur, estos puntos no serían más singulares de lo que lo son los polos norte y sur en la Tierra. Las leyes de la ciencia serían válidas en el comienzo del universo, igual que lo son en los polos norte y sur de la Tierra.

La historia del universo en el tiempo real sería, sin embargo, muy diferente. Parecería empezar en un tamaño mínimo, igual al tamaño máximo de la historia en el tiempo imaginario. El universo se expandiría entonces en el tiempo real como hace en el modelo inflacionario. Sin embargo, ahora no habría que suponer que el universo se creó de algún modo en el tipo de estado correcto. El universo se expandiría hasta un tamaño muy grande, pero finalmente colapsaría de nuevo en lo que parece una singularidad en el tiempo real. Así, en cierto sentido, seguimos estando condenados al fracaso, incluso si nos mantenemos lejos de los agujeros negros. Solo si pudiéramos representar el universo en términos de tiempo imaginario, no habría singularidades.

Los teoremas de singularidad de la relatividad general clásica demostraban que el universo debe tener un comienzo, y que este comienzo debe describirse en términos de teoría cuántica. Esto a su vez lleva implícito que el universo podría ser finito en el tiempo imaginario, pero sin fronteras ni singularidades. Sin embargo, cuando se vuelve al tiempo real en el que vivimos seguirá pareciendo que hay singularidades. El pobre astronauta que cae en un agujero negro seguirá llegando a un final. Solo si pudiera vivir en un tiempo imaginario no encontraría singularidades.

Esto podría sugerir que el denominado tiempo imaginario es realmente el tiempo fundamental, y que lo que llamamos tiempo real es algo que creamos solo en nuestra mente. En el tiempo real, el universo tiene un principio y un final en singularidades que forman una frontera para el espacio-tiempo y en las que las leyes de la ciencia dejan de ser válidas. Pero en el tiempo imaginario no hay singularidades ni fronteras. De modo que quizá lo que llamamos tiempo imaginario es realmente un tiempo más básico, y lo que llamamos tiempo real es solo una idea que inventamos para que nos ayude a describir cómo pensamos que es el universo. Pero, según la aproximación que he descrito en la primera conferencia, una teoría científica es tan solo un modelo matemático que hacemos para describir nuestras observaciones. Solo existe en nuestra mente. De modo que no tiene ningún significado preguntar: ¿cuál es real, el tiempo «real» o el «imaginario»? Se trata simplemente de cuál es una descripción más útil.

La propuesta de ausencia de frontera parece predecir que, en el tiempo real, el universo debería comportarse como en los modelos inflacionarios. Un problema particularmente interesante es el tamaño de las pequeñas desviaciones de la densidad uniforme en el universo primitivo. Se piensa que estas han llevado primero a la formación de las galaxias, luego de estrellas, y finalmente de seres como nosotros. El principio de incertidumbre implica que el universo primitivo no puede haber sido completamente uniforme. En su lugar, debió de haber algunas incertidumbres o fluctuaciones en las posiciones y velocidades de las partículas. Utilizando la condición de ausencia de frontera, se considera que el universo debió de empezar con la mínima no uniformidad posible permitida por el principio de incertidumbre.

El universo habría sufrido entonces un período de expansión rápida, como en los modelos inflacionarios. Durante ese período, las no uniformidades iniciales se habrían amplificado hasta que pudieron haber sido suficientemente grandes para explicar el origen de las galaxias. Así, todas las estructuras complicadas que vemos en el universo podrían ser explicadas por la condición de ausencia de frontera para el universo y el principio de incertidumbre de la mecánica cuántica.

La idea de que el espacio y el tiempo pueden formar una superficie cerrada sin frontera también tiene profundas implicaciones para el papel de Dios en los asuntos del universo. Con el éxito de las teorías científicas para describir sucesos, la mayoría de la gente ha llegado a creer que Dios permite que el universo evolucione de acuerdo con un conjunto de leyes. Él no parece intervenir en el universo para romperlas. Sin embargo, las leyes no nos dicen a qué debería parecerse el universo cuando empezó. Seguiría siendo voluntad de Dios dar cuerda al reloj y escoger cómo se puso en marcha. Mientras el universo tuviera un principio que fuera una singularidad, se podría suponer que fue creado por un agente exterior. Pero si el universo es en realidad completamente autocontenido, si no tiene frontera o borde, no sería ni creado ni destruido. Simplemente sería. ¿Qué lugar habría, entonces, para un Creador?

Sexta conferencia

LA DIRECCIÓN DEL TIEMPO

En su libro, *El mensajero*, L. P. Hartley escribió: «El pasado es un país extraño. En él se hacen las cosas de forma diferente; pero ¿por qué es el pasado tan diferente del futuro? ¿Por qué recordamos el pasado, pero no el futuro?». En otras palabras, ¿por qué el tiempo va hacia delante? ¿Está relacionado con el hecho de que el universo se está expandiendo?

C, P, T

Las leyes de la física no distinguen entre el pasado y el futuro. Más exactamente, las leyes de la física son invariantes bajo la combinación de operaciones conocidas como C, P y T. (C significa cambiar partículas por antipartículas. P significa tomar la imagen especular de modo que izquierda y derecha se intercambien. Y T significa invertir la dirección de movimiento de todas las partículas; en la práctica, pasar el movimiento hacia atrás.) Las leyes de la física que gobiernan el comportamiento de la materia en todas las situaciones normales son invariantes bajo las operaciones C y P por sí solas. En otras palabras, la vida sería la misma para los habitantes de otro planeta que fueran nuestras imágenes especulares y que estuvieran hechos de antimateria. Si ustedes se encuentran con alguien de otro planeta y él extiende su mano izquierda, no se la estrechen; podría estar hecho de antimateria. Los dos desaparecerían en un tremendo destello de luz. Si las leyes de la física son invariantes por la combinación de operaciones C y P, y asimismo por la combinación C, P y T, también deben ser invariantes bajo la operación T únicamente. Sin embargo, en la vida ordinaria hay una gran diferencia entre las direcciones hacia delante y hacia atrás del tiempo. Imaginemos un vaso de agua que cae de una mesa y se rompe en pedazos contra el suelo. Si tomamos una película de este incidente, podemos decir fácilmente si se está pasando hacia delante o hacia atrás. Si la pasamos hacia atrás, veremos que los fragmentos se reúnen de repente en el suelo y saltan para formar un vaso entero en la mesa. Podemos decir que la película se está pasando hacia atrás porque nunca se observa esta clase de comportamiento en la vida ordinaria. Si se observara, los fabricantes de vajillas se arruinarían.

Las flechas del tiempo

La explicación que se da normalmente de por qué no vemos vasos rotos saltando hacia atrás sobre la mesa es que lo prohíbe la segunda ley de la termodinámica. Según esta ley, el desorden o la entropía aumenta siempre con el tiempo. En otras palabras, se trata de una forma de la ley de Murphy: las cosas van a peor. Un vaso intacto en la mesa es un estado de orden elevado, pero un vaso roto en el suelo es un estado desordenado. Por lo tanto, podemos ir desde el vaso entero en la mesa en el pasado al vaso roto en el suelo en el futuro, pero no al revés.

El incremento del desorden o la entropía con el tiempo es un ejemplo de lo que se denomina *una flecha del tiempo*, algo que da una dirección al tiempo y distingue el pasado del futuro. Hay al menos tres flechas del tiempo diferentes. En primer lugar, existe la flecha del tiempo termodinámica. Esta es la dirección del tiempo en la que aumenta el desorden o la entropía. En segundo lugar, existe la flecha del tiempo psicológica. Esta es la dirección en la que sentimos que el tiempo pasa: la dirección del tiempo en la que recordamos el pasado pero no el futuro. En tercer lugar está la flecha del tiempo cosmológica. Esta es la dirección del tiempo en la que el universo se está expandiendo y no contrayendo.

Sostendré que la flecha psicológica está determinada por la flecha termodinámica y que estas dos flechas apuntan siempre en la misma dirección. Si hacemos la hipótesis de ausencia de frontera para el universo, ambas están relacionadas con la flecha del tiempo cosmológica, aunque quizá no apunten en la misma dirección que esta. Sin embargo, sostendré que solo cuando coincidan con la flecha cosmológica habrá seres inteligentes que puedan plantear la pregunta: ¿por qué aumenta el desorden en la misma dirección del tiempo que en la que se expande el universo?

La flecha termodinámica

Hablaré, en primer lugar, sobre la flecha del tiempo termodinámica. La segunda ley de la termodinámica se basa en el hecho de que hay muchos más estados desordenados que ordenados. Consideremos, por ejemplo, las piezas de un rompecabezas en una caja. Hay una, y solo una, disposición de las piezas en la que forman una imagen completa. Por el contrario, hay un número muy grande de disposiciones en las que las piezas están desordenadas y no forman una imagen.

Supongamos que un sistema empieza en uno de un pequeño número de estados ordenados. Con el paso del tiempo, el sistema evolucionará de acuerdo con las leyes de la física y su estado cambiará. En un tiempo posterior, habrá una elevada probabilidad de que esté en un estado más desordenado, simplemente porque hay muchos más estados desordenados que ordenados. Así pues, el desorden tenderá a aumentar con el tiempo si el sistema obedece a una condición inicial de orden elevado.

Supongamos que las piezas del rompecabezas empiezan en la disposición ordenada en la que forman una imagen. Si agitamos la caja, las piezas adoptarán otra disposición. Esta será probablemente una disposición desordenada en la que las piezas no forman una imagen adecuada, simplemente porque hay muchas más disposiciones desordenadas. Algunos grupos de piezas quizá sigan formando partes de la imagen, pero cuanto más agitemos la caja, más probable es que estos grupos se deshagan. Las piezas adoptarán un estado completamente revuelto en el que no forman ninguna imagen. Por lo tanto, lo más probable es que el desorden de las piezas aumente con el tiempo si se satisface la condición inicial de empezar en un estado de orden elevado.

Supongamos, sin embargo, que Dios decidió que el universo debería acabar en un estado de orden elevado sin importar en qué estado empezó. Entonces, en tiempos muy tempranos el universo estaría probablemente en un estado desordenado, y el desorden disminuiría con el tiempo. Tendríamos vasos rotos que se recomponen y saltan a la mesa. No obstante, cualesquiera seres humanos que observaran los vasos estarían viviendo en un universo en el que el desorden decrece con el tiempo. Sostendré que tales seres tendrían una flecha del tiempo psicológica que iría hacia atrás. Es decir, recordarían tiempos posteriores y no recordarían tiempos anteriores.

La flecha psicológica

Es bastante difícil hablar de la memoria humana porque no conocemos en detalle cómo funciona el cerebro. Sin embargo, sabemos todo sobre cómo funcionan las memorias de ordenador, así que voy a discutir la flecha del tiempo psicológica para ordenadores. Creo que es razonable suponer que la flecha para los ordenadores es la misma que para los seres humanos. Si no lo fuera, uno podría provocar una bancarrota en la bolsa si tuviera un ordenador que recordara los precios de mañana.

Una memoria de ordenador es básicamente un dispositivo que puede estar en uno u otro de dos estados. Un ejemplo sería un anillo de cable superconductor. Si una corriente eléctrica fluye por el anillo, seguirá fluyendo sin disiparse porque no hay resistencia. Por el contrario, si no fluye corriente, el anillo seguirá libre de corriente. Podemos etiquetar los dos estados de la memoria como «uno» y «cero».

Antes de que se registre un dato en la memoria, la memoria está en un estado desordenado con probabilidades iguales para uno y cero. Una vez que la memoria interacciona con el sistema que hay que registrar, estará decididamente en un estado o en el otro, según sea el estado del sistema. Así pues, la memoria pasa de un estado desordenado a un estado ordenado. Sin embargo, para asegurar que la memoria está en el estado correcto es necesario utilizar cierta cantidad de energía. Esta energía se disipa en forma de calor y aumenta la cantidad de desorden en el universo. Se puede demostrar que este aumento de desorden es mayor que el aumento de orden de la memoria. Así, cuando un ordenador registra un dato en la memoria, la cantidad total de desorden en el universo aumenta.

La dirección del tiempo en la que un ordenador recuerda el pasado es la misma que la dirección en la que aumenta el desorden. Esto significa que nuestra sensación subjetiva de la dirección del tiempo, la flecha del tiempo psicológica, está determinada por la flecha del tiempo termodinámica. Esto hace de la segunda ley de la termodinámica casi una perogrullada. El desorden aumenta con el tiempo porque medimos el tiempo en la dirección en la que aumenta el desorden. No se puede hacer una apuesta más segura.

Las condiciones de frontera del universo

Pero ¿por qué debería el universo estar en un estado de orden elevado en un extremo del tiempo, el extremo que llamamos el pasado? ¿Por qué no estaría en todo momento en un estado de completo desorden? Después de todo, esto podría parecer más probable. ¿Y por qué la dirección del tiempo en la que aumenta el desorden es la misma en la que se expande el universo? Una respuesta posible es que Dios simplemente decidió que el universo debería estar en un estado suave y ordenado en el comienzo de la fase de expansión. No deberíamos tratar de entender por qué ni cuestionar sus razones porque el principio del universo era la obra de Dios. Pero por la misma razón se puede decir que toda la historia del universo es la obra de Dios.

Parece que el universo evoluciona de acuerdo con leyes bien definidas. Estas leyes pueden o no estar ordenadas por Dios, pero sí parece que podemos descubrirlas y entenderlas. Por eso es poco razonable esperar que las mismas leyes u otras similares puedan también ser válidas en el principio del universo. En la teoría clásica de la relatividad general, el principio del universo tiene que ser una singularidad de densidad infinita en la curvatura espaciotemporal. En tales condiciones, todas las leyes de la física conocidas deberían dejar de ser válidas, de modo que no podrían ser utilizadas para predecir cómo debería empezar el universo.

El universo podría haber empezado en un estado muy suave y ordenado, lo que habría llevado a flechas del tiempo termodinámica y cosmológica bien definidas, tal como observamos. Pero igualmente podría haber empezado en un estado muy desordenado. En este caso, el universo ya estaría en un estado de completo desorden, de modo que el desorden no podría aumentar con el tiempo. O bien permanecería constante, en cuyo caso no habría una flecha del tiempo termodinámica bien definida, o bien decrecería, en cuyo caso la flecha del tiempo termodinámica apuntaría en dirección opuesta a la de la flecha cosmológica. Ninguna de estas dos posibilidades estaría de acuerdo con lo que observamos.

Como he dicho antes, la teoría clásica de la relatividad general predice que el universo debería empezar con una singularidad en donde la curvatura del espacio-tiempo es infinita. De hecho, esto significa que la relatividad general clásica predice su propio fracaso. Cuando la curvatura del espacio-tiempo se haga grande, los efectos gravitatorios cuánticos se harán importantes y la teoría clásica dejará de ser una buena descripción del universo. Hay que utilizar la teoría cuántica de la gravedad para entender cómo empezó el universo.

En una teoría cuántica de la gravedad se consideran todas las historias posibles del universo. Asociados con cada historia hay un par de números. Uno representa el tamaño de una onda y el otro la fase de la onda, es decir, si la onda está en una cresta o un vientre. La probabilidad de que el universo tenga una propiedad concreta se obtiene sumando las ondas para todas las historias con dicha propiedad. Las historias serían espacios curvos que representarían la evolución del universo en el tiempo. Seguiríamos teniendo que decir cómo se comportaban las historias posibles del universo en la frontera del espacio-tiempo en el pasado, pero no conocemos ni podemos conocer las condiciones de frontera del universo en el pasado. Sin embargo, se podría evitar esta dificultad si la condición de frontera del universo es que no tiene frontera. En otras palabras, todas las historias posibles son finitas en extensión pero no tienen fronteras, bordes ni singularidades. Son como la superficie de la Tierra, pero con dos dimensiones más. En ese caso, el principio del tiempo sería un punto suave regular del espacio-tiempo. Esto significa que el universo habría empezado su expansión en un estado muy suave y ordenado. No podría haber sido completamente uniforme porque eso violaría el principio de incertidumbre de la teoría cuántica. Tuvo que haber pequeñas fluctuaciones en la densidad y en las velocidades de las partículas.

La condición de ausencia de frontera, sin embargo, implicaría que dichas fluctuaciones eran las más pequeñas posibles, compatibles con el principio de incertidumbre.

El universo habría empezado con un período de expansión exponencial o «inflacionaria». En dicho período habría aumentado su tamaño en un factor muy grande. Durante esa expansión, las fluctuaciones de densidad habrían permanecido pequeñas al principio, pero más tarde habrían empezado a crecer. Las regiones en las que la densidad era ligeramente mayor que la media habrían visto frenada su expansión por la atracción gravitatoria de la masa extra. Con el tiempo, tales regiones dejarían de expandirse y colapsarían para formar galaxias, estrellas y seres como nosotros.

El universo habría empezado en un estado suave y ordenado y se convertiría en grumoso y desordenado con el paso del tiempo. Eso explicaría la existencia de la flecha del tiempo termodinámica. El universo empezaría en un estado de orden elevado y se haría más desordenado con el tiempo. Como hemos visto antes, la flecha del tiempo psicológica apunta en la misma dirección que la flecha termodinámica. Nuestro sentido subjetivo del tiempo sería aquel en el que el universo se está expandiendo, y no la dirección opuesta, en la que se está contrayendo.

¿Se invierte la flecha del tiempo?

Pero ¿qué sucedería si y cuando el universo dejara de expandirse y empezara a contraerse? ¿Se invertiría la flecha termodinámica y el desorden empezaría a decrecer con el tiempo? Esto llevaría a toda clase de posibilidades propias de la ciencia ficción a las personas que sobrevivieran desde la fase de expansión a la de contracción. ¿Verían vasos rotos que se recomponen en el suelo y saltan a la mesa? ¿Serían capaces de recordar los precios de mañana y hacer una fortuna en la bolsa?

Podría parecer algo académico preocuparse por lo que vaya a suceder cuando el universo colapse de nuevo, pues no empezará a contraerse hasta dentro de al menos otros 10.000 millones de años. Pero hay una manera más rápida de descubrir lo que sucederá: saltar al interior de un agujero negro. El colapso de una estrella para formar un agujero negro es muy parecido a las etapas finales del colapso del universo entero. Por eso, si el desorden disminuyera en la fase de contracción del universo, cabría también esperar que disminuyera dentro de un agujero negro. Quizá un astronauta que cayera en un agujero negro podría ganar dinero en la ruleta recordando dónde iba a detenerse la bola antes de hacer su apuesta. Por desgracia, no obstante, no tendría mucho tiempo para jugar antes de que hubiera sido convertido en un espagueti por los intensísimos campos gravitatorios. Ni podría hacernos saber la inversión de la flecha termodinámica, y ni siquiera recoger sus ganancias, porque estaría atrapado tras el horizonte del agujero negro.

Al principio, creía que el desorden decrecería cuando el universo volviera a colapsar. La razón era que pensaba que el universo tenía que volver a un estado suave y ordenado cuando se hiciera pequeño de nuevo. Esto habría significado que la fase de contracción era similar a la inversa temporal de la fase de expansión. En la fase de contracción, las personas vivirían su vida hacia atrás. Morirían antes de que hubieran nacido y se harían más jóvenes a medida que el universo se contrajera. Esta idea es atractiva porque supondría una bonita simetría entre las fases de expansión y contracción. Sin embargo, no se puede aceptar sin más, independientemente de otras ideas sobre el universo. La pregunta es: ¿se deduce esta idea de la condición de ausencia de frontera, o es incompatible con dicha condición?

Como he dicho, al principio creía que la condición de ausencia de frontera implicaba realmente que el desorden decrecería en la fase de contracción. Esto se basaba en el funcionamiento de un modelo sencillo del universo en el que la fase de colapso sería similar a la inversa temporal de la fase de expansión. Sin embargo, un colega, Don Page, señaló que la condición de ausencia de frontera no exigía que la fase de contracción fuera necesariamente la inversa temporal de la fase de expansión. Tiempo después, uno de mis alumnos, Raymond Laflamme, descubrió que en un modelo ligeramente más complicado el colapso del universo era muy diferente de la expansión. Comprendí que había cometido un error. De hecho, la condición de ausencia de frontera implicaba que el desorden seguiría aumentando durante la contracción. Las flechas del tiempo termodinámica y psicológica no se invertirían cuando el universo empezara a contraerse o en el interior de los agujeros negros.

¿Qué tendría que hacer uno cuando descubre que ha cometido un error como este? Algunas personas, como Eddington, nunca admiten que están equivocadas. Siguen encontrando argumentos nuevos, y con frecuencia incompatibles entre sí, en apoyo de su idea. Otros afirman que en realidad nunca han apoyado la idea incorrecta o, si lo hicieron, era solo para demostrar que era inconsistente. Podría ofrecer numerosos ejemplos de esto, pero no lo haré porque me ganaría muchos enemigos. Me parece mucho mejor y menos ambiguo admitir por escrito que uno estaba equivocado. Un buen ejemplo de esto fue Einstein, que dijo que la constante cosmológica, que introdujo cuando estaba tratando de hacer un modelo estático del universo, fue el mayor error de su vida.

Séptima conferencia

LA TEORÍA DEL TODO

Sería muy difícil construir de golpe una completa teoría unificada del todo, así que, en su lugar, tenemos que avanzar encontrando teorías parciales. Estas describen un abanico limitado de sucesos y desprecian otros efectos, o los aproximan por ciertos números. En química, por ejemplo, podemos calcular las interacciones entre átomos sin conocer la estructura interna del núcleo de un átomo. Al final, sin embargo, esperaríamos encontrar una teoría unificada completa y consistente que incluyera a todas estas teorías parciales como aproximaciones. La búsqueda de tal teoría se conoce como «la unificación de la física».

Einstein pasó la mayor parte de los últimos años de su vida buscando infructuosamente una teoría unificada, pero no era el momento oportuno, pues se sabía muy poco sobre las fuerzas nucleares. Por otra parte, Einstein se negaba a creer en la realidad de la mecánica cuántica, a pesar del muy ,importante papel que él había desempeñado en su desarrollo. Sin embargo, parece ser que el principio de incertidumbre es una característica fundamental del universo en que vivimos. Una teoría unificada satisfactoria debe por ello incorporar necesariamente este principio.

Las perspectivas de encontrar dicha teoría parecen ser mucho mejores ahora porque sabemos mucho más sobre el universo. Pero no debemos confiar demasiado. Ya hemos tenido falsos amaneceres. A comienzos de este siglo,* por ejemplo, se pensaba que todo podría explicarse en términos de las propiedades de la materia continua, tales como la elasticidad y la conducción del calor. El descubrimiento de la estructura atómica y del principio de incertidumbre puso fin a ello. Luego, en 1928, Max Born dijo a un grupo de visitantes en la Universidad de Gotinga: «La física, tal como la conocemos, se terminará en seis meses». Su confianza se basaba en el descubrimiento reciente de la ecuación de Dirac que gobernaba el comportamiento del electrón. Se pensaba que una ecuación similar gobernaría el comportamiento del protón, que era la única otra partícula entonces conocida, y eso sería el final de la física teórica. Sin embargo, el descubrimiento del neutrón y de las fuerzas nucleares lo desmintió con rotundidad.

Tras decir esto, sigo creyendo que hay base para un prudente optimismo sobre la posibilidad de que ahora estemos próximos al final de la búsqueda de las leyes definitivas de la naturaleza. De momento, tenemos varias teorías parciales. Tenemos la relatividad general, la teoría parcial de la gravedad, y las teorías parciales que gobiernan las fuerzas débil, fuerte y electromagnética. Las tres últimas pueden combinarse en las denominadas teorías de gran unificación. Estas no son totalmente satisfactorias porque no incluyen la gravedad. La dificultad principal para encontrar una teoría que unifique la gravedad con las demás fuerzas es que la relatividad general es

* Téngase en cuenta que estas conferencias se pronunciaron en 1996. Esto se hace más evidente en algunos comentarios posteriores. *(N. del T.)*

una teoría clásica. Es decir, no incorpora el principio de incertidumbre de la mecánica cuántica. Por el contrario, las otras teorías parciales dependen de la mecánica cuántica de un modo esencial. Por lo tanto, un primer paso necesario es combinar la relatividad general con el principio de incertidumbre. Como hemos visto, esto puede tener algunas consecuencias notables, como que los agujeros negros no sean negros y que el universo sea completamente autocontenido y sin frontera. El problema es que el principio de incertidumbre implica que incluso el espacio vacío está lleno de pares de partículas y antipartículas virtuales. Estos pares tendrían una energía infinita. Esto significa que la atracción gravitatoria curvaría el universo hasta un tamaño infinitamente pequeño.

De manera bastante parecida, infinitos en apariencia absurdos se dan en las demás teorías cuánticas. Sin embargo, en estas otras teorías los infinitos pueden cancelarse por un proceso denominado renormalización. Esto implica reajustar las masas de las partículas y las intensidades de las fuerzas en la teoría en una cantidad infinita. Aunque esta técnica es bastante dudosa matemáticamente, parece funcionar en la práctica. Se ha utilizado para hacer predicciones que concuerdan con las observaciones con un extraordinario grado de exactitud. La renormalización, sin embargo, tiene una seria desventaja desde el punto de vista de tratar de encontrar una teoría completa. Cuando se resta infinito de infinito, la respuesta puede ser cualquier cosa que uno quiera. Esto significa que los valores reales de las masas y las intensidades de las fuerzas no pueden predecirse a partir de la teoría. En su lugar tienen que escogerse para que encajen con las observaciones. En el caso de la relatividad general, solo pueden ajustarse dos cantidades: la intensidad de la gravedad y el valor de la constante cosmológica.

Pero ajustar estas no es suficiente para eliminar todos los infinitos. Por lo tanto, tenemos una teoría que parece predecir que ciertas magnitudes, como la curvatura del espacio-tiempo, son en realidad infinitas, pese a que estas magnitudes pueden observarse y sus medidas dan valores perfectamente finitos. En un intento de superar este problema, en 1976 se sugirió una teoría denominada «supergravedad». En realidad, esta teoría era simplemente la relatividad general con algunas partículas adicionales.

En relatividad general puede considerarse que la portadora de la fuerza gravitatoria es una partícula de espín 2 llamada gravitón. La idea era añadir algunas otras nuevas partículas de espín 3/2, 1, 1/2 y 0. En cierto sentido, todas estas partículas podrían considerarse como aspectos diferentes de la misma «superpartícula». Los pares virtuales partícula/antipartícula de espín 1/2 y 3/2 tendrían energía negativa. Esta tendería a cancelar la energía positiva de los pares virtuales de partículas de espín 0, 1 y 2. De esta manera, muchos de los posibles infinitos se cancelarían, pero se sospechaba que podrían seguir quedando algunos. Sin embargo, los cálculos necesarios para descubrir si quedaban infinitos sin cancelar eran tan largos y difíciles que nadie estaba preparado para emprenderlos. Incluso valiéndose de un ordenador, se estimaba que se tardarían al menos cuatro años. Había una probabilidad muy alta de cometer al menos un error, y probablemente más. De modo que solo se sabría que se tenía la respuesta correcta si alguien más repetía el cálculo y obtenía la misma respuesta, y eso no parecía muy probable.

Debido a este problema, hubo un cambio de opinión a favor de lo que se denominan teorías de cuerdas. En estas teorías los objetos básicos no son partículas que ocupan un solo punto en el espacio. Más bien son cosas que tienen una longitud pero ninguna otra dimensión, como un lazo de cuerda infinitamente fino. Una partícula ocupa un punto del espacio en cada instante de tiempo. Por eso, su historia puede representarse por una línea en el espacio-tiempo llamada la «línea de universo». Una cuerda, por el contrario, ocupa una línea en el espacio en cada instante de tiempo, de modo que su historia en el espacio-tiempo es una superficie bidimensional llamada la «hoja de universo». Cualquier punto en dicha hoja de universo puede describirse por dos números, uno que especifica el tiempo y el otro que especifica la posición del punto en la cuerda. La hoja de universo de una cuerda es un cilindro o tubo. Una sección transversal del tubo es un círculo que representa la posición de la cuerda en un instante particular.

Dos trozos de cuerda pueden unirse para formar una sola cuerda. Es como la unión de las dos perneras en unos pantalones. Análogamente, un único trozo de cuerda puede dividirse en dos cuerdas. En las teorías de cuerdas, lo que previamente se consideraban partículas se imaginan ahora como ondas que viajan a lo largo de la cuerda, como ondas en un tendedero. La emisión o absorción de una partícula por otra corresponde a la división o la unión de cuerdas. Por ejemplo, la fuerza gravitatoria del Sol sobre la Tierra corresponde a un tubo en forma de H. La teoría de cuerdas es, en cierto sentido, muy parecida a la fontanería. Las ondas en los dos lados verticales de la H corresponden a las partículas en el Sol y la Tierra, y las ondas en la barra horizontal corresponden a la fuerza gravitatoria que viaja entre ellos.

La teoría de cuerdas tiene una historia curiosa. Originalmente fue inventada a finales de la década de 1960 en un intento de encontrar una teoría para describir la fuerza fuerte. La idea era que partículas como el protón y el neutrón podían considerarse como ondas en una cuerda. Las fuerzas fuertes entre las partículas corresponderían a trozos de cuerda que iban entre otros trozos de cuerda, como en una telaraña. Para que esta teoría diera el valor observado de la fuerza fuerte entre partículas, las cuerdas tenían que ser como bandas elásticas con una tensión de unas diez toneladas.

En 1974, Joël Scherk y John Schwarz publicaron un artículo en el que demostraban que la teoría de cuerdas podía describir la fuerza gravitatoria, pero solo si la tensión de la cuerda fuera mucho mayor: unas 10^{39} toneladas. Las predicciones de la teoría de cuerdas serían exactamente las mismas que las de la relatividad general en escalas de longitud normales, pero diferirían a distancias muy pequeñas —menores que 10^{-33} centímetros—. No obstante, su trabajo no recibió mucha atención porque precisamente en esa época la mayoría de la gente abandonó la teoría de cuerdas original de la fuerza fuerte. Scherk murió en trágicas circunstancias. Padecía diabetes y entró en coma cuando no había nadie para ponerle una inyección de insulina. De modo que Schwarz quedó practicamente solo a la hora de defender la teoría de cuerdas, pero ahora con un valor propuesto mucho más alto de la tensión de la cuerda.

Parecía haber dos razones para el súbito resurgimiento del interés por las cuerdas en 1984. Una era que no se estaba avanzando mucho hacia la demostración de que la supergravedad era finita o que podía explicar los tipos de partículas que observamos. La otra fue la publicación de un artículo de John Schwarz y Mike Green que demostraba que la teoría de cuerdas podría explicar la existencia de partículas que tenían una quiralidad zurda incorporada, como algunas de las partículas que observamos. Cualesquiera que fueran las razones, muchas personas pronto empezaron a trabajar en la teoría de cuerdas. Se desarrolló una nueva versión, la denominada cuerda heterótica. Parecía que esta podría explicar los tipos de partículas que observamos.

Las teorías de cuerdas llevan también a infinitos, pero se cree que todos se cancelarán en versiones como la cuerda heterótica. Sin embargo, las teorías de cuerdas tienen un problema mayor. Solo parecen ser consistentes si el espacio-tiempo tiene o diez o veintiséis dimensiones, en lugar de las cuatro habituales. Por supuesto, dimensiones espaciotemporales extra son un tópico en la ciencia ficción; de hecho, son casi una necesidad. Si no fuera así, el hecho de que la relatividad implica que no se puede viajar más rápido que la luz significa que se necesitaría un tiempo demasiado grande para cruzar nuestra propia galaxia, y no digamos para viajar a otras galaxias. La idea de ciencia ficción es que se puede tomar un atajo a través de una dimensión superior. Se puede expresar de la siguiente manera: imaginemos que el espacio en el que vivimos tuviera solo dos dimensiones y estuviera curvado como la superficie de un donut o un toro. Si uno estuviera en un lado del anillo y quisiera llegar a un punto en el otro lado, tendría que ir alrededor del anillo. Sin embargo, si pudiera viajar en la tercera dimensión podría cortar en línea recta.

¿Por qué no advertimos todas estas dimensiones extra si realmente existen? ¿Por qué solo vemos tres dimensiones espaciales y una dimensión temporal? La sugerencia consiste en que las otras dimensiones están curvadas en un espacio de tamaño muy pequeño, algo como una millonésima de millonésima de millonésima de millonésima de millonésima de centímetro. Esto es tan pequeño que simplemente no lo advertimos. Solo vemos las tres dimensiones espaciales y una dimensión temporal en las que el espacio-tiempo es plano. Es como la superficie de una naranja: si se mira de cerca, está curvada y arrugada, pero si se mira de lejos, no se ven los bultos y parece suave. Lo mismo ocurre con el espacio-tiempo. A escala muy pequeña es decadimensional y muy curvado; pero a escalas más grandes no se ve la curvatura ni las dimensiones extra.

Si esta imagen es correcta, presagia malas noticias para los supuestos viajeros espaciales. Las dimensiones extra serían demasiado pequeñas para permitir que a través de ellas viaje una nave espacial. Sin embargo, plantea otro problema mayor. ¿Por qué deberían algunas, pero no todas, de las dimensiones espaciales estar enrolladas en una bola pequeña? Presumiblemente, en el universo muy primitivo todas las dimensiones habrían estado muy curvadas. ¿Por qué se alisaron tres dimensiones espaciales y una dimensión temporal mientras que las otras dimensiones permanecían apretadamente enrolladas?

Una respuesta posible es el principio antrópico. Dos dimensiones espaciales no parecen suficientes para permitir el desarrollo de seres complejos como nosotros. Por ejemplo, seres bidimensionales que vivieran en una Tierra bidimensional tendrían que pasar unos por encima de otros para cruzarse. Si una criatura bidimensional comiera algo que no pudiera digerir por completo, tendría que devolver los residuos por el mismo sitio que los tragó, porque si hubiera un pasadizo que atravesara su cuerpo, dividiría a la criatura en dos partes separadas. Nuestro ser bidimensional se descompondría. Análogamente, es difícil ver cómo podría haber una circulación de la sangre en una criatura bidimensional. También habría problemas con más de tres dimensiones espaciales. La fuerza gravitatoria entre dos cuerpos decrecería más rápidamente con la distancia de lo que lo hace en tres dimensiones. La importancia de esto es que las órbitas de los planetas, como la Tierra, alrededor del Sol serían inestables. La mínima perturbación de una órbita circular, como la que provocaría la atracción gravitatoria de otros planetas, haría que la Tierra se moviese en espiral alejándose o acercándose al Sol. O nos congelaríamos o nos quemaríamos. De hecho, el propio comportamiento de la gravedad con la distancia significaría que también el Sol sería inestable. O bien se desharía o bien colapsaría para formar un agujero negro. En cualquiera de los dos casos, no sería de mucha utilidad como fuente de calor y de luz para la vida en la Tierra. A una escala más pequeña, las fuerzas eléctricas que hacen que los electrones orbiten alrededor del núcleo en un átomo se comportarían de la misma manera que las fuerzas gravitatorias. Así, los electrones o bien escaparían del átomo, o bien caerían en espiral hacia el núcleo. En cualquiera de los dos casos, no podríamos tener átomos como los que conocemos. Parece claro que la vida, al menos tal como la conocemos, solo puede existir en regiones del espacio-tiempo en las que tres dimensiones espaciales y una temporal no están muy enrolladas. Esto significaría que se podría apelar al principio antrópico siempre que se pudiera demostrar que la teoría de cuerdas permite al menos que haya regiones así en el universo. Y parece que, de hecho, la teoría de cuerdas permite tales regiones. Puede haber muy bien otras regiones del universo, u otros universos (cualquier cosa que eso pueda significar) en los que todas las dimensiones estén muy enrolladas, o en las que más de cuatro dimensiones sean aproximadamente planas. Pero en tales regiones no habría seres inteligentes para observar el diferente número de dimensiones efectivas.

Aparte de la cuestión del número de dimensiones que parece tener el espacio-tiempo, la teoría de cuerdas plantea otros problemas que deben resolverse antes de que pueda ser aclamada como la definitiva teoría unificada de la física. Aún no sabemos si todos los infinitos se cancelan mutuamente, o cómo se relacionan exactamente las ondas en la cuerda con los tipos concretos de partículas que observamos. De todas formas, es probable que en los próximos años se encuentren respuestas a estas preguntas, y que a finales de siglo conozcamos si la teoría de cuerdas es realmente la tan esperada teoría unificada de la física.

¿Puede haber realmente una teoría unificada de todo? ¿O solo estamos persiguiendo un espejismo? Parece haber tres posibilidades:

- Existe realmente una teoría unificada completa, que descubriremos algún día si somos suficientemente inteligentes.
- No existe ninguna teoría última del universo, sino solo una secuencia infinita de teorías que describen el universo cada vez con mayor precisión.
- No hay ninguna teoría del universo. Los sucesos no pueden predecirse más allá de cierta medida, sino que ocurren de una manera aleatoria y arbitraria.

Algunos defenderían la tercera posibilidad sobre la base de que si hubiese un conjunto completo de leyes, eso limitaría la libertad de Dios para cambiar de idea y para intervenir en el mundo. Es un poco como la vieja paradoja: ¿puede Dios hacer una piedra tan pesada que Él no pueda levantarla? Pero la idea de que Dios pudiera querer cambiar de idea es un ejemplo de la falacia, señalada por san Agustín, de imaginar a Dios como un ser que existe en el tiempo. El tiempo es una propiedad solo del universo que Dios creó. Presumiblemente, Él sabía lo que Él pretendía cuando Él lo creó.

Con la llegada de la mecánica cuántica hemos entendido que los sucesos no pueden predecirse con completa exactitud, sino que siempre hay un grado de incertidumbre. Si quisiéramos, podríamos atribuir esta aleatoriedad a la intervención divina. Pero sería un tipo de intervención muy extraño. No hay ninguna prueba de que esté dirigida hacia un propósito. De hecho, si lo estuviera no sería aleatoria. Modernamente hemos eliminado en efecto la tercera posibilidad redefiniendo el objetivo de la ciencia. Nuestro objetivo es formular un conjunto de leyes que nos permitan predecir sucesos hasta el límite impuesto por el principio de incertidumbre.

La segunda posibilidad, que hay una secuencia infinita de teorías cada vez más refinadas, está hasta ahora de acuerdo con toda nuestra experiencia. En muchas ocasiones hemos aumentado la sensibilidad de nuestras medidas o hemos hecho un nuevo tipo de observaciones solo para descubrir nuevos fenómenos que no eran predichos por la teoría existente. Para explicarlos hemos tenido que desarrollar una teoría más avanzada. Por eso no nos sorprendería mucho encontrar que nuestras teorías de gran unificación actuales dejen de ser válidas cuando las pongamos a prueba en aceleradores de partículas mayores y más potentes. En realidad, si no esperáramos que dejaran de ser válidas, no tendría mucho sentido gastar todo ese dinero en construir máquinas más potentes.

Sin embargo, parece que la gravedad puede proporcionar un límite a esta secuencia de «cajas dentro de cajas». Si tuviéramos una partícula con una energía por encima de lo que se denomina la energía de Planck, 10^{19} GeV, su masa estaría tan concentrada que se aislaría del resto del universo y formaría un pequeño agujero negro. Así pues, parece que la secuencia de teorías cada vez más refinadas debería tener un límite conforme vamos a energías cada vez más altas. Debería haber una teoría final del universo. Por supuesto, la energía de Planck está muy lejos de las energías del orden de un GeV, que son las máximas que podemos producir en laboratorio en la actualidad. Salvar ese hueco requeriría un acelerador de partículas que fuera mayor que el sistema solar. Sería poco probable que semejante acelerador encontrara financiación en la situación económica actual.

Sin embargo, las etapas más tempranas del universo son un escenario en donde debieron de darse tales energías. Creo que hay una buena oportunidad de que el estudio del universo primitivo y los requisitos de consistencia matemática nos lleven a una completa teoría unificada a finales de siglo —suponiendo que no reventemos primero.

¿Qué significaría el que realmente descubriéramos la teoría definitiva del universo? Pondría fin a un largo y glorioso capítulo en la historia de nuestra lucha por entenderlo. Pero también revolucionaría la comprensión que tiene la gente normal de las leyes que gobiernan el universo. En la época de Newton era posible que una persona educada tuviera una idea de la totalidad del conocimiento humano, al menos en líneas generales. Pero desde entonces, el ritmo del desarrollo de la ciencia lo ha hecho imposible. Se han ido cambiando sin cesar las teorías para dar cuenta de nuevas observaciones. Nunca eran adecuadamente digeridas o simplificadas para que la gente común y corriente pudiera entenderlas. Había que ser un especialista, e incluso entonces solo se podía esperar tener una idea adecuada de una pequeña proporción de las teorías científicas.

Posteriormente, la velocidad del progreso fue tan rápida que lo que se aprendía en la escuela o en la universidad estaba siempre un poco pasado de moda. Solo unas pocas personas podían mantenerse informadas del rápido avance en la frontera del conocimiento. Y estas tenían que dedicar todo su tiempo a ello y especializarse en un área pequeña. El resto de la población no tenía mucha idea de los avances que se estaban haciendo o de la emoción que generaban.

Hace setenta años, si hay que creer a Eddington, solo dos personas entendían la teoría de la relatividad general. Hoy día, decenas de miles de licenciados universitarios la entienden, y muchos millones de personas están al menos familiarizados con la idea. Si se descubriera una completa teoría unificada, sería solo cuestión de tiempo el que fuera digerida y simplificada de la misma manera. Entonces podría enseñarse en las escuelas, al menos en líneas generales, y todos seríamos capaces de tener una comprensión de las leyes que gobiernan el universo y que son responsables de nuestra existencia.

En cierta ocasión, Einstein planteó la siguiente pregunta: «¿Qué elección tuvo Dios al construir el universo?». Si la propuesta de ausencia de frontera es correcta, Él no tuvo ninguna libertad en absoluto para escoger las condiciones iniciales. Por supuesto, habría seguido teniendo la libertad para escoger las leyes a las que obedecía el universo. En esto, sin embargo, quizá no haya en realidad mucho que elegir. Quizá haya solo una o un pequeño número de completas teorías unificadas que sean autoconsistentes y que permitan la existencia de seres inteligentes.

Podemos preguntar acerca de la naturaleza de Dios incluso si hay solo una teoría unificada posible, es decir, tan solo un conjunto de reglas o ecuaciones. ¿Qué es lo que da aliento a las ecuaciones y hace un universo para que ellas lo describan? La aproximación usual en la ciencia, consistente en construir un modelo matemático, no puede responder a la pregunta de por qué debería haber un universo para que el modelo lo describa. ¿Por qué el universo va a tomarse la molestia de existir? ¿Es tan imperiosa la teoría unificada que conlleva su propia existencia? ¿O necesita un creador, y, si es así, tiene Él algún efecto en el universo aparte de ser responsable de su existencia? ¿Y quién Le creó?

Hasta ahora, la mayoría de los científicos han estado tan ocupados con el desarrollo de nuevas teorías que describen lo que es el universo que no se han planteado la cuestión de por qué. Por el contrario, las personas cuya ocupación es preguntar por qué —los filósofos— no han sido capaces de mantenerse al tanto del avance de las teorías científicas. En el siglo XVIII, los filósofos consideraban que todo el conocimiento humano, incluyendo la ciencia, era su campo. Discutían cuestiones tales como: ¿tuvo el universo un principio? Sin embargo, en los siglos XIX y XX la ciencia se hizo demasiado técnica y matemática para los filósofos o cualesquiera otros, salvo unos pocos especialistas. Los filósofos redujeron tanto el alcance de sus investigaciones que Wittgenstein, el más famoso filósofo de este siglo, dijo: «La única tarea que queda para la filosofía es el análisis del lenguaje». ¡Qué retroceso desde la gran tradición de la filosofía de Aristóteles a Kant!

Sin embargo, si descubrimos una teoría completa, debería en su momento ser comprensible en sus líneas generales por todos, no solo por unos pocos científicos. Entonces todos seremos capaces de tomar parte en la discusión de por qué el universo existe. Si encontramos la respuesta a ello, sería el triunfo definitivo de la razón humana, pues entonces conoceríamos la mente de Dios.

ÍNDICE ALFABÉTICO

agua, sobreenfriar el, 95
agujero de gusano, 56
agujeros negros, 11, 43, 48-64
colisión y fusión de dos, 68
comportamiento como una bola de fluido, 57
de masa pequeña, 63-64
detección de, 61-63, 64
eje de simetría en una rotación estacionaria, 58-59
entropía de, 71-72
escape de energía de los, 12
forma y tamaño de, 57-58
explosiones de, 75-77
frontera de, *véase* horizonte de sucesos
máxima «Un agujero negro no tiene pelo», 59
origen del nombre, 47
posibilidad de atraerlo a la órbita de la Tierra, 77
primordiales, *véase* agujeros negros primordiales
radiación de los, 71-75
relación entre masa y temperatura de los, 73, 75
rotación de, 58-59
singularidad de densidad infinita en, 55
singularidad por colapso gravitatorio, 55-56, 59
teoría a partir de modelos matemáticos sin observaciones, 59
transformación de una partícula virtual a una partícula real, 75
y el colapso gravitatorio de estrellas de neutrones en rotación, 61
y la segunda ley de la termodinámica, 70-71
véase también Cygnus X-I
agujeros negros primordiales, 76
búsqueda de, 77-83
emisión de rayos X y rayos gamma desde, 76, 77-78
Agustín, san, 135
La ciudad de Dios, 22
antimateria, 112
antipartículas, 88, 127

antrópico, principio, 93, 100, 132
Aristóteles, 138
  sobre el origen del universo, 22
  sobre la forma de la Tierra, 15
  teoría de la Tierra como centro del universo, 16, 17, 28
  Sobre el cielo, 15
átomos
  colisión de, en la formación de una estrella, 48
  de helio, 49
  de hidrógeno, 49
atracción gravitatoria, 11, 37, 48, 49, 90
ausencia de pelo en un agujero negro, teorema de, 59

Bardeen, Jim, 72
Bekenstein, Jacob, y el área del horizonte de sucesos, 71, 72
Bell, Jocelyn, y la existencia de agujeros negros, 60
Bentley, Richard, 19
berilio, 89
Biblia, y el big bang, 39
big bang, 11, 23, 38-44
  caliente, modelo del, 88-92, 94, 98
  mecánica cuántica sobre el, 12
  singularidad del, 39, 42, 43, 56, 67
  bomba atómica, proyecto de la, 52
bomba de hidrógeno, 63
Bondi, Hermann, 39
Born, Max, 126

campo gravitatorio, 120
  de una estrella, 47, 53
  energía negativa del, 97
Carter, Brandon, 58, 72
censura cósmica, hipótesis de, 55
  débil, 56
  fuerte, 56
Chandrasekhar, Subrahmanyan, 49-50, 52
  límite de, 50-51, 62, 63
Cherenkov, radiación, 80
conjunto de sucesos, 53
constante cosmológica, 31, 96, 98, 122, 127
Copérnico, Nicolás: modelo astronómico, 17, 19
cuásares
  agujeros negros en, 63
  descubrimiento de los, 60
cuerda heterótica, 131
cuerdas, teoría de, 128-134
  invención de la, 129-130
cúmulos de galaxias, 38
Cygnus X-I, sistema: como un posible agujero negro, 61-62

desorden de un sistema, *véase* entropía
desplazamiento hacia el azul, 30
desplazamiento hacia el rojo, 29, 34, 55, 60
deuterio, núcleos de, 89
Dicke, Bob, y la radiación de microondas, 33-34
Dirac, Paul, ecuación sobre el comportamiento del electrón de, 126

distancias entre galaxias, medición de, 27-28
Doppler, efecto, 29, 37

eclipses
de Luna, 15
de Sol, 53
Eddington, sir Arthur, 49-50, 52, 121, 137
Einstein, Albert
constante cosmológica según, 96, 122
ecuación $E = mc^2$, 75
ecuaciones de, 57, 58
sobre el origen del universo, 137
teoría de la gravedad, 11
teoría de la relatividad general, 11-12, 31, 44, 48, 50
eje de simetría, en una rotación estacionaria, 58
electrones, 88
chaparrón de, 80
repulsión entre los, 51
electrón-positrón, pares, en las colisiones, 88
enana blanca, estrella, 51, 52, 62
energía
conservación de la, 74
negativa, 74-75
positiva, 74-75
energía de Planck, 136
entropía, 69-70
aumenta con el tiempo, 112-113, 116
espacio, curvatura del, 36
espacio vacío, 73-74
espacio-tiempo, 12, 31
comienzo en el big bang, 93
curvatura del, 38, 39, 42, 117-118, 128
euclídeo, 102, 103
suave y casi plano como hipótesis, 39
espectro de la luz, 28-29
espín, partículas de, 128
estado estacionario, teoría del, 39-41
agujero negro en un, 57
Estrella Polar: posición de la, 15
estrellas
brillo de las, 49
campo gravitatorio de, 47, 53-54
ciclo vital de, 48
colapso bajo su propia gravedad, 42, 54, 120
en un universo en expansión, 22-23
fuerzas atractivas entre, 20, 61
luz procedente de las, 21, 27, 47, 55
medición de la distancia, 27
temperatura de, obtención de la, 29
véase también enana blanca; estrellas de neutrones; estrellas fijas
estrellas de neutrones, 51-52, 62
radio de una, 61
y el descubrimiento de los púlsares, 61
estrellas fijas, 16, 19
exclusión, principio de, 50-51
expansión del universo, 11, 20, 22-23, 27-37

exponencial o inflacionaria, 97, 119
velocidad de, 35, 37

Feynman, Richard, 82
y la teoría cuántica, 101-102
física, leyes de la, 111, 117
simetría con respecto al tiempo, 12
física teórica, final de la, 126
flecha del tiempo, 112-113
cosmológica, 113
inversión de la, 119-122
psicológica, 113, 115-116, 119, 121
termodinámica, 113-115, 116, 117, 119, 121
fluctuaciones cuánticas, 74
fotones, 48, 88
Friedmann, Alexander, 31, 88
modelos sobre el universo de, 32-38, 41-43
frontera, condición de ausencia de, 103-108
fuerza
«antigravedad», 31
débil, 95, 126
electromagnética, 95, 126
fuerte, 95, 126, 129-130
gravitatoria, 20, 128, 130
fuerzas eléctricas, 133
fuerzas nucleares, 126

galaxias, 27
atracción gravitatoria entre, 35
colapso gravitatorio de la región central de, 60
desplazamiento hacia el rojo de las, 30, 34-35
en cúmulos, 38
formación de nuevas, 39-40
materia oscura de las, 37-38
distancias entre, 27-28, 35-36, 38, 41
origen de las, 107
rotatorias de tipo disco, 90
velocidades laterales de las, 41
Galileo Galilei, 17, 87
Gamow, George, 34
Génesis, libro del, 22
glaciación, 22
Gold, Thomas, 39
gravedad, 12
contracción del universo bajo la influencia de la, 30
efectos cuánticos de la, 82
teoría cuántica de la, 100-104, 118
teoría de la, según Newton, 11, 18, 20, 31, 70
gravitón, 128
Grecia: posición de la Estrella Polar en, 15
Green, Mike, 130
griegos: astronomía de los, 15
Guth, Alan, 94-95, 98

Hartle, Jim, 104
Hartley, L. P.: *El mensajero*, 111
Hawking, Stephen W.
apuesta con Kip Thorne sobre la existencia de los agujeros negros, 62-63

eje de simetría de los agujeros negros en rotación estacionaria, 58
en la conferencia sobre cosmología del Vaticano (1981), 87, 104
en la conferencia sobre gravedad cuántica de Moscú (1981), 99
sobre la gravedad cuántica, 82
sobre la radiación de los agujeros negros, 72-73, 81
y el área del horizonte de sucesos, 68-69, 71, 72
y la definición de una agujero negro, 67
helio
átomos de, 49
núcleos de, 89
producción de, 90
transformación en carbono u oxígeno, 91
Hewish, Anhony: y la existencia de agujeros negros, 60
hidrógeno
en la formación de una estrella, 48
pesado, 89
hoja de universo de una cuerda, 129
horizonte de sucesos, 53, 55, 67-68
incremento del área del, 68-69, 71, 72
Hoyle, Fred, 39
Hubble, Edwin
sobre la expansión del universo, 22, 32
sobre las galaxias, 27-28, 30, 35

Iglesia católica
error con Galileo, 87
y el big bang, 39, 87
incertidumbre, principio de, 12, 72, 83, 118-119, 126, 135
y el universo primitivo, 107
y la relatividad general, 36
inflación
expansión del universo en forma de, 97, 119
final de la, 98-100
inflacionario, modelo, 97-100, 107
caótico, 99
Instituo Tecnológico de Massachusetts, 94
Instituto Astronómico Sternberg, 99
Israel, Werner, sobre la forma y tamaño de los agujeros negros, 57-58

Jalatnikov, Isaac, 41-42, 44
Júpiter, 16
satélites de, 17

Kant, Immanuel, 138
Kepler, Johannes, 17-18
Kerr, Roy, 58
conjunto de soluciones agujeros negros de, 58
King's College de Londres, 81

Laboratorio Rutherford, 81
Laboratorios Bell, 32
Laflamme, Raymond, 121
Laplace, marqués de, 48
Exposición del sistema del mundo, 48

LGM («Little Green Men»), fuentes de radioondas, 60
Lifshitz, Evgeni, 41-42, 44
límite de Chandrasekhar, 50-51, 62, 63
Linde, Andréi, 99
línea de universo, 129
litio, 89
Luna
    eclipses de, 15
    órbita de la, 16, 18
luz
    curvatura de la, 53
    efecto de la gravedad sobre la, 48
    teoría corpuscular de la, 47
    teoría ondulatoria de la, 47
    velocidad de la, 36-37, 48, 53
luz de las estrellas, 27-28
    color de la, 28
    desplazamiento hacia el rojo, 29

Marte, 16
masa de un agujero negro, 57, 58-59
materia
    cantidad en el universo, 96-97
    energía positiva de la, 97
materia oscura de las galaxias, 37-38
mecánica cuántica, 125, 135
    dualidad onda/partícula, 47
    Einstein y, 125
    principio de incertidumbre, 12
    relatividad general y, 81-83, 104-105
memoria, estados de la, 115-116
Mercurio, 16
Michell, John, 47-48, 61
microondas
    detector de, 32-33
    radiación de, 33-34, 76, 89
Monte Palomar en California, Observatorio del, 59

neutrones, 88, 130
    descubrimiento de los, 126
    y el principio de exclusión, 51
Newton, Isaac, 21
    sobre el espectro de la luz, 28
    teoría de la gravedad, 11, 18, 20, 31, 48, 70
    y la expansión del universo, 30
    Principia mathematica, 18

Olbers, Heinrich, filósofo, 20-21
onda/partícula, dualidad, 47
ondas gravitatorias, 56-57, 57
Oppenheimer, Robert, 52-53

Page, Don, 121
partículas
    creación a partir de la energía, 97
    virtuales, 74
pasado, viaje al, 56
Pauli, Wolfgang: principio de exclusión de, 50
Peebles, Jim, y la radiación de microondas, 33-34
Penrose, Roger, 42-43
    definición de un agujero negro, 67, 69

hipótesis de censura cósmica, 55-56
y el comportamiento de un agujero negro como una bola de fluido, 57
y la singularidad de densidad infinita en un agujero negro, 55
Penzias, Arno
y la radiación de microondas, 32-33, 41, 89
premio Nobel (1978), 34
Philosophical Transactions of the Royal Society of London, 47
Planck, Max
energía de, 136
principio cuántico de, 78-79
planetas, órbitas de las, 16, 60
Plutón, 78-79
Porter, Neil, 80
prisma, 28
protones, 88, 130
y el principio de exclusión, 51
Ptolomeo: modelo cosmológico de, 16, 17, 28
púlsares, descubrimiento de los, 60-61

radar, desarrollo del, 39
radiación
Cherenkov, 80
de los agujeros negros, 71-73, 81
de fondo de microondas, 33-34, 76, 89, 99-100
residual de las tempranas etapas calientes, 89
véase también radioondas; rayos gamma; rayos X
radiofuentes, catálogo Cambridge de, 60
radioondas, 40
descubrimiento de una fuente de, 59-60
rayos gamma
desde agujeros negros primordiales, 76, 77-78, 81
detector de, 79
rayos X, 62
emisión desde agujeros negros primordiales, 76, 81
reacciones nucleares, 90
relatividad general, teoría de la, 11-12, 31, 42, 44, 48, 50, 53, 126, 137
ausencia de tiempo absoluto, 54
ecuaciones de, y la singularidad desnuda, 56-57, 58
y el origen del universo, 117-118
y el principio de incertidumbre, 36
y la expansión del universo después del big bang, 92-93
y mecánica cuántica, 81-83, 104-105, 127
Robertson, Howard, físico, 35
Robinson, David, sobre los agujeros negros de Kerr, 58-59
rotación
estacionaria de un agujero negro, 58-59
formación de un agujero negro por el colapso de un cuerpo en, 58

velocidad de, 58, 59
Ryle, Martin, astrónomo, 40

Saturno, 16
Scherk, Joël, 130
Schmidt, Maarten, 59
Schwarz, John, 130
Schwarzschild, Karl, 57
simetría entre las fuerzas, ruptura de, 95-96, 98
lenta, 99
singularidad, 12
al colapsar una estrella, 43, 55-56
desnuda, 57
ruptura de predecibilidad en una, 56
teorema de, 100, 103, 106
yace en el futuro y no en el pasado, 56
Sirio, estrella, 51
Sol
como una estrella ordinaria, 28
fuerza gravitatoria sobre la Tierra, 129
masa del, 62, 63
muerte del, 38
órbitas de los planetas, 18-19
origen de la formación del, 91
rotación del, 58
solar, sistema, 60
Starobinski, Alexander, 72-73
supergravedad, teoría de la, 128, 130
supernova, explosión de una, 91

Taylor, John G., 81
temperatura
de la radiación de microondas, 76
después del big bang, 88, 89
en el interior de las estrellas, 89
relación con la masa en un agujero negro, 72, 75
teoría unificada del todo, 12, 125-139
termodinámica, segunda ley de la, 69-72, 73, 112, 113
Thorne, Kip S., apuesta con Hawking sobre la existencia de los agujeros negros, 62-63
tiempo
finito, 36, 104
flechas del, 112-113
imaginario, 101-102, 103, 105-107
real, 105-107
y la simetría de las leyes de la física, 12
tiempo absoluto: ausencia en la teoría de la relatividad, 54
Tierra
atmósfera, como detector de rayos gamma, 79
circunferencia de la, 15
como centro del universo, según Aristóteles, 16, 28
forma de la, 15-16
modelo cosmológico de Ptolomeo, 16, 28
posibilidad de atraer un agujero negro a la órbita de la, 77
superficie sin frontera o borde, 103
y los eclipses de Luna, 15

transición de fase, 95
  en el universo primitivo, 99

unificación de la física, 125
universo
  colapso del, 38, 41
  comienzo del, 21-23, 82
  condición de ausencia de frontera, 104, 113
  condiciones de frontera del, 116-119
  densidad media del, 11, 37, 38
  edad del, 76
  estático, 30-31
  energía total cero, 97
  expansión del, 11, 20, 22-23, 27-37, 90, 94-97
  historia en el tiempo imaginario, 105
  historia en el tiempo real, 105-106
  infinito, 19-20, 43
  origen del, 12
  papel de un Creador en el origen del, 108, 137-138
  temperatura por debajo del nivel crítico, 95-96
universo primitivo
  desviaciones de la densidad uniforme en el, 107
  y el principio de incertidumbre, 107
  y los agujeros negros primordiales, 80

velocidad de la luz, 36-37
Venus, 16
Vía Láctea, galaxia, 27, 32
  diámetro de la, 28
viaje al pasado, 56

Walker, Arthur, matemático, 35
Weekes, Trevor, 80
Wheeler, John, 47, 63
  y el comportamiento del agujero negro como una bola de fluido, 57
Wilson, Robert
  y la radiación de microondas, 32-33, 89
  premio Nobel (1978), 34
Wittgenstein, Ludwig, 138

La teoría del todo, de Stephen W. Hawking
se terminó de imprimir en junio de 2010
en los talleres de Litográfica Ingramex, S.A. de C.V.
Centeno 162-1, Col. Granjas Esmeralda,
C.P. 09810 México, D.F.